Anonymus

Reports on the Results of Dredging by the United States Coast Survey Steamer

Survey Steamer

Anonymus

Reports on the Results of Dredging by the United States Coast Survey Steamer

ISBN/EAN: 9783741197901

Manufactured in Europe, USA, Canada, Australia, Japa

Cover: Foto ©berggeist007 / pixelio.de

Manufactured and distributed by brebook publishing software
(www.brebook.com)

Anonymus

Reports on the Results of Dredging by the United States Coast

Survey Steamer

(Published by permission of Carlile P. Patterson, Supt. U. S. Coast Survey.)

No. 1. — *Reports on the Results of Dredging under the Supervision of* Alexander Agassiz, *in the Gulf of Mexico, and in the Caribbean Sea, 1877, '78, '79, by the U. S. Coast Survey Steamer "Blake,"* Lieut.-Commander C. D. Sigsbee, *U. S. N., and Commander* J. R. Bartlett, *U. S. N., Commanding.*

VIII.

Études préliminaires sur les Crustacés,[*] par M. Alph. Milne-Edwards,
1ᵉʳᵉ *Partie.*

DÉCAPODES BRACHYURES.

FAMILLE DES OXYRHYNQUES.

1. **Pericera trispinosa** (Latreille).
Bahia.

2. **Pericera cœlata** (A. M.-Edwards, Crust. du Mexique, T. I. p. 200, pl. 15ᴀ, fig. 3).
Station No. 39.   Profond. 14 brasses.   À 16 milles N. des iles Jolbos.
  "   No. 79.   "   175   "   À 1 mille près de la Havane.
  "   No. 272.   "   76   "   Près des Barbades.
  "   No. 277.   "   106   "   "   "

3. **Pericera eutheca** (Stimpson).
Station No. 132.   Profond. 115 brasses.   Près de Santa Cruz.

4. **Microphrys bicornutus** (Latreille).
Station No. 10.   Profond. 37 brasses.   Lat. 24° 44′ N., Long. 83° 26′ O.
Mai, 1868.   Bahia Honda.

5. **Oplopisa spinipes** (A. M.-Edwards, Crust. du Mexique, T. I. p. 201, pl. 15ᴀ, fig. 5).

6. **Pisa erinacea** (A. M.-Edwards, Crust. du Mexique, T. I. p. 202, pl. 15ᴀ fig. 4).
Station No. 10.   Profond. 37 brasses.   Lat. 24° 44′ N., Long. 83° 26′ O.

[*] A few species of the "Hassler" and "Bibb" expeditions have been added to this report. — A. Agassiz.

7. **Nemausa rostrata** (A. M.-EDWARDS, Crust. du Mexique, T. I. p. 81, pl. 17, fig. 4).

Station No. 10.   Profond. 37 brasses.   Lat. 21° 44′ N., Long. 83° 26′ O.
" No. 11.   " 37   "   Lat. 24° 43′ N., Long. 83° 25′ O.
" No. 65.   " 127   "   Près de la Havane.
" No. 132.   " 115   "   Santa Cruz.
" No. 142.   " 27   "   Flannegan Passage.
" No. 155.   " 88   "   Montserrat.
" No. 241.   " 163   "   Grenadines.

8. **Temnonotus granulosus** (A. M.-EDWARDS, Crust. du Mexique, T. I. p. 83, pl. 17, fig. 2).

Expédition du Hassler, 27 Déc., 1871.   Profond. 100 brasses.   Barbades.
Station No. 273.   Profond. 103 brasses.   Barbades.

9. **Temnonotus simplex** (A. M.-EDWARDS, Crust. du Mexique, T. I. p. 84, pl. 17, fig. 3).

10. **Seyra umbonota** (STIMPSON).

Station No. 232.   Profond. 88 brasses.   St. Vincent.

11. **Esopus crassus** (A. M.-EDWARDS, Crust. du Mexique, T. I. p. 90, pl. 17, fig. 1).

Expéd. du Hassler.   Profond. 100 brasses.   Barbades.

12. **Mithrax pleuracanthus** (STIMPSON).

Station No. 39.   Profond. 14 brasses.   À 16 milles N. des îles Jolbos.

13. **Mithraculus sculptus** (LAMARK).

Bahia Honda.   Tortugas.

14. **Mithraculus cinctimanus** (STIMPSON).

Station No. 10.   Profond. 37 brasses.   Lat. 24° 44′ N., Long. 83° 26′ O.
" No. 39.   " 14   "   Aux environs des îles Jolbos, Key West.

15. **Mithraculus sculptus** (LAMARK).

Récifs de la Floride.   Bahia Honda.

16. **Othonia aculeata** (GIBBES).

Station No. 127.   Profond. 38 brasses.   Santa Cruz.

17. **Amathia hystrix** (STIMPSON, A. M.-EDWARDS, op. cit., p. 134, pl. 28. fig. 1).

Station No. 58.   Profond. 212 brasses.   Lat. 22° 9′ 30″ N., Long. 82° 11′ 30″ O.
" No. 118.   " 208   "   St. Kitts.
" No. 208.   " 213   "   Martinique.
" No. 218.   " 164   "   Ste. Lucie.

Station No. 232. Profond. 88 brasses. St. Vincent.
" No. 269. " 124 " St. Vincent.
" No. 280. " 221 " Barbades.
" No. 291. " 200 " Barbades.
" No. 295. " 180 " Barbades.

18. **Amathia crassa** (A. M.-Edwards, *op. cit.*, p. 203, pl. 28, fig. 2).

Station No. 5. Profond. 152 brasses. Lat. 24° 15′ N., Long. 82° 13′ O.

TRACHYMAIA (nov. gen.).

La carapace est courte, large et bombée en arrière. Le rostre est petit et formé de deux cornes légèrement divergentes. L'espace interorbitaire est de largeur médiocre, les orbites sont très ouvertes en dessus et en dessous. L'œil, dont la cornée est un peu comprimée d'avant en arrière, se replie dans une fossette creusée à la base d'une épine postorbitaire. L'article basilaire des antennes est très étroit, comme chez les *Amathia*, et il ne cloisonne pas l'orbite en dessous, la tigelle mobile est insérée à découvert de chaque côté du rostre, les deux premiers articles atteignent l'extrémité de celui-ci sa portion multiarticulée est très courte. Le plancher de l'orbite est armé d'une épine sur son bord. Les doigts des pinces sont terminés par des doigts aigus. Les pattes ambulatoires diminuent graduellement de longueur de la première à la dernière et la différence de taille est très considérable entre celles-ci. Les doigts ne sont pas préhensiles, leur bord inférieur est lisse.

Ce genre doit prendre place à côté des *Halimus* et des Amathia.

19. **Trachymaia cornuta** (nov. sp.).

La carapace est granuleuse et porte quelques épines. Sur la région gastrique, il en existe quatre disposées en croix. Le lobe cardiaque antérieur en présente deux situées sur la ligne médiane. Les régions branchiales sont surmontées de quatre ou cinq spinules. Les bords latéraux postérieurs sont garnis d'une ceinture de courtes épines, le bord sourcilier est armé d'une épine dirigée en avant. L'article basilaire des antennes externes est orné de trois petites épines l'une terminale les deux autres situées le long du bord orbitaire. Le bras et l'avant bras des pattes antérieures sont spinuleux, la main est lisse. Les pattes ambulatoires sont revêtues de quelques poils courts et très rares. L'abdomen et le plastron sternal présentent quelques très fines granulations.

Largeur de la carapace d'un mâle 0.010
Longueur 0.012

Station No. 134. Profond. 248 brasses. Santa Cruz.
" No. 291. " 200 " Barbades.
" No. 299. " 140 " Barbades.
" No. 300. " 82 " Barbades.

20. Nibilia armata (nov. sp.).

La carapace est pyriforme, peu élargie en arrière et couverte d'épines aiguës et inégales dont la disposition est fort régulière mais trop compliquée pour pouvoir se comprendre facilement à l'aide d'une description, mais une figure suffit pour s'en rendre parfaitement compte. Les cornes rostrales sont plus grêles et plus divergentes que chez le *Nibilia erinacea* il existe une longue épine préorbitaire suivie d'une autre épine beaucoup plus petite. L'article basilaire de l'antenne externe est terminé par une épine plus courte que la préorbitaire.

Les pattes antérieures du mâle sont courtes et la portion palmaire de la pince n'est pas allongée comme chez la *Nibilia erinacea ;* deux ou trois épines se voient en dessus près de l'articulation avec l'avant bras ; celui-ci et le bras portent quelques épines. Les pattes ambulatoires sont grêles, leur cuisse est armée en dessus de trois épines dont la dernière surmonte l'articulation de la jambe.

Le corps et les pattes portent des poils courts, raides et espacés.

Largeur de la carapace (avec les épines) d'un exemplaire mâle 0.017
Largeur sans les épines 0.013
Longueur (le rostre compris) 0.025
Longueur (sans le rostre) 0.020

Cette espèce ne se rencontre qu'à une assez grande profondeur elle a été draguée par M. A. Agassiz dans les localités suivantes : —

Station No. 232.	Profond. 88 brasses.	St. Vincent.
" No. 224.	" 114 "	St. Vincent.
" No. 241.	" 163 "	Grenadines.
" No. 269.	" 124 "	St. Vincent.
" No. 295.	" 180 "	Barbades.
" No. 297.	" 123 "	Barbades.
" No. 299.	" 140 "	Barbades.

21. Sphenocarcinus corrosus (A. M.-Edwards, Crust. du Mexique, T. I. p. 136, pl. 17, fig. 5).

Expéd. du Hassler. Profond. 100 brasses. Barbades.

22. Lambrus Pourtalesii (Stimpson).

Profond. 54 brasses. Sombréro.

Station No. 26.	" 110 "	Lat. 24° 37' 30" N., Long. 83° 36' O.
" No. 32.	" 95 "	Lat. 23° 32' N., Long. 88° 5' O.
" No. 142.	" 27 "	Flannegan Passage.
" No. 253.	" 92 "	Grenade.

23. Lambrus agonus (Stimpson, A. M.-Edwards, Crust. du Mexique).

Station No. 36.	Profond. 84 brasses.	Lat. 23° 13' N., Long. 89° 16' O.
" No. 132.	" 115 "	Santa Cruz.
" No. 293.	" 82 "	Barbades.

24. **Platylambrus serratus** (DE SAUSSURE).
Station No. 142. Profond. 27 brasses. Flannegan Passage.
Coll. par Stimpson à Sombréro.

25. **Pisolambrus nitidus** (A. M.-EDWARDS, Crust. du Mexique, T. I. p. 158,
pl. 30, fig. 4).
Expéd. du Hassler, 30 Déc., 1871. Profond. 100 brasses. Barbades.
Station No. 132. Profond. 115 brasses. Santa Cruz.
" No. 232. " 88 " St. Vincent.
" No. 272. " 76 " Barbades.
" No. 273. " 103 " Barbades.
" No. 292. " 56 " Barbades.
" No. 293. " 82 " Barbades.

26. **Solenolambrus typicus** (STIMPSON).
Station No. 32. Profond. 95 brasses. Lat. 23° 32′ N., Long. 88° 5′ O.
" No. 134. " 248 " Santa Cruz.
" No. 167. " 175 " Guadeloupe.
", No. 220. " 116 " Ste. Lucie.
" No. 232. " 88 " St. Vincent.

27. **Solenolambrus fastigatus** (A. M.-EDWARDS, Crust. du Mexique, T. I.
p. 163, pl. 29, fig. 5).
Coll. par Stimpson à 13 brasses à Sombréro.
Station No. 142. Profond. 27 brasses. Flannegan Passage.

28. **Heterocrypta granulata** (GIBBES).
Coll. par Stimpson. Floride.

29. **Crytopodia concava** (STIMPSON, A. M.-EDWARDS, Crust. du Mexique,
T. I. p. 168, pl. 29, fig. 1 et 2).
Coll. par Stimpson à 14 et 19 brasses à l'ouest de la Floride.

30. **Mesorhœa cristatipes** (nov. sp.).
La carapace de cette espèce est lisse, de forme presque triangulaire. Les régions gastrique et cardiaque sont très élevées, et forment sur la ligne médiane de la carapace une cime élevée; trois tubercules, l'un postérieur et médian les deux autres antérieurs et disposés symétriquement, ornent la région gastrique; deux élévations obtuses et médianes surmontent la région cardiaque. Les régions branchiales sont très renflées, et elles se terminent en dehors par une crête aigüe qui s'étend jusqu'à l'angle latéral. Le front est trilobé et très avancé sur la ligne médiane. Les bords latéro-antérieurs sont découpés en un grand nombre de petites dents et garnis de poils courts. Les pattes antérieures sont longues et fortes, le bras porte en arrière deux ou trois gros tubercules comprimés et surmontés de quelques poils; il est garni en avant d'une crête aigüe. Une

crète dentée suit le bord interne de la main ; le bord externe est aigu et découpé en quatre dents bien séparées ; deux crêtes garnissent le bord supérieur du doigt mobile. La cuisse des pattes ambulatoires est en dessous et en dessus unnie de crêtes ; la jambe et le pied sont crissiformes en dessus. Les pattes machoires externes sont remarquables par l'existence d'une crête très découpée qui occupe toute leur longueur et de petites proéminences lamelleuses et irrégulières situées sur le mérognathe.

       Largeur de la carapace d'un mâle 0.017
       Longueur 0.014
       Largeur totale les pinces étendues 0.074

Station No. 269. Profond. 124 brasses. St. Vincent.

31. **Leptopodia sagittaria** (Fabricius).

Station No. 10.	Profond. 37 brasses.	Lat. 24° 41' N., Long. 83° 26' O.	
" No. 12.	" 36 "	Lat. 24° 34' N., Long. 83° 16' O.	
" No. 127.	" 38 "	Santa Cruz.	
" No. 132.	" 115 "	Santa Cruz.	
" No. 142.	" 27 "	Flannegan Passage.	
" No. 276.	" 94 "	Barbades.	

32. **Collodes depressus** (A. M.-Edwards, Crust. du Mexique, T. I. p. 176, pl. 32, fig. 4).

Coll. par Stimpson à 20 brasses près de Sombréro.

33. **Collodes obesus** (A. M.-Edwards, Crust. du Mexique, T. I. p. 177, pl. 32, fig. 3).

Coll. par Stimpson à 54 brasses près de Sombréro.

34. **Collodes rostratus** (A. M.-Edwards, Crust. du Mexique, T. I. p. 179, pl. 32, fig. 2).

Expéd. du Hassler. Profond. 30 brasses. Lat. 41° 40' S., Long. 63° 13' O.

35. **Collodes inermis** (A. M.-Edwards, Crust. du Mexique, T. I. p. 179, pl. 32, fig. 1).

Expéd. du Hassler. Profond. 17 brasses. Lat. 11° 49' S., Long. 37° 27' O.

36. **Arachnopsis filipes** (Stimpson, A. M.-Edwards, Crust. du Mexique, T. I. p. 181, pl. 33, fig. 1).

Station No. 177.	Profond. 118 brasses.	Dominique.	
" No. 178.	" 130 "	Dominique.	
" No. 272.	" 76 "	Barbades.	
" No. 290.	" 73 "	Barbades.	

37. **Euprognatha rastellifera** (Stimpson, A. M.-Edwards, Crust. du Mexique, T. I. p. 181, pl. 33, fig. 2).

Expéd. du Hassler. Profond. 110 brasses. Barbades.

Station No. 26. Profond. 110 brasses. Lat. 24° 37′ 30″ N., Long. 83° 36′ O.
"   No. 32.   "   95   "   Lat. 23° 32′ N., Long. 88° 5′ O.
"   No. 132.   "   115   "   Santa Cruz.
"   No. 134.   "   248   "   Santa Cruz.
"   No. 206.   "   170   "   Martinique.
"   No. 210.   "   191   "   Martinique.
"   No. 232.   "   88   "   St. Vincent.
"   No. 253.   "   92   "   Grenade.
"   No. 272.   "   76   "   Barbades.
"   No. 273.   "   103   "   Barbades.
"   No. 290.   "   73   "   Barbades.

38. **Euprognatha inermis** (A. M.-Edwards, Crust. du Mexique, T. I. p. 183, pl. 35, fig. 2).

Station No. 142. Profond. 27 brasses. Flannegan Passage.
"   No. 238.   "   127   "   Grenadines.

39. **Euprognatha gracilipes** (A. M.-Edwards, Crust. du Mexique, T. I. p. 184, pl. 35, fig. 3).

Station No. 32. Profond. 95 brasses. Lat. 23° 32′ N., Long. 88° 5′ O.
"   No. 132.   "   115   "   Santa Cruz.
"   No. 177.   "   118   "   Dominique.
"   No. 272.   "   76   "   Barbades.
"   No. 278.   "   69   "   Barbades.

40. **Euprognatha acuta** (nov. sp.).

Cette espèce se distingue de toutes les précédentes par la longueur de l'apophyse épistomienne, par le développement des épines latérales et par l'existence de quelques épines crochues sur le bord supérieur de la cuisse des pattes ambulatoires. L'épine qui porte le premier anneau de l'abdomen est très réduite.

Station No. 148. Profond. 208 brasses. St. Kitts.
"   No. 241.   "   163   "   Grenadines.
"   No. 269.   "   124   "   St. Vincent.
"   No. 296.   "   84   "   Barbades.

41. **Aprocremnus septemspinosus** (A. M.-Edwards, Crust. du Mexique, T. I. p. 185, pl. 35, fig. 6).

Station No. 11. Profond. 37 brasses. Lat. 24° 43′ N., Long. 83° 25′ O.

42. **Anomalopus furcillatus** (Stimpson, A. M.-Edwards, p. 188, pl. 35, fig. 4).

Station No. 32.	Profond. 95 brasses.		Lat. 23° 32′ N., Long. 88° 5′ O.
" No. 45.	"	101	"	Lat. 25° 33′ N., Long. 81° 21′ O.
" No. 50.	"	119	"	Lat. 26° 31′ N., Long. 85° 53′ O.
" No. 132.	"	115	"	Santa Cruz.
" No. 189.	"	84 à 120	"	Dominique.
" No. 232.	"	88	"	St. Vincent.
" No. 249.	"	262	"	Grenade.

43. **Anomalopus frontalis** (A. M.-Edwards, op. cit., p. 189, pl. 36, fig. 1).

Expéd. du Hassler.	Profond. 100 brasses.		Barbades.
Station No. 79.	"	175	"	Havane.
" No. 155.	"	88	"	Montserrat.
" No. 171.	"	183	"	Guadeloupe.
" No. 177.	"	118	"	Dominique.
" No. 272.	"	76	"	Barbades.
" No. 276.	"	94	"	Barbades.
" No. 290.	"	73	"	Barbades.

44. **Podochela macrodera** (Stimpson, A. M.-Edwards, op. cit., p. 191, pl. 34, fig. 3).

Coll. par Stimpson. Profond. 50 brasses. Floride occidentale.

45. **Podochela gracilipes** (Stimpson, A. M.-Edwards, op. cit., p. 192, pl. 35, fig. 1).

Station No. 10.	Profond. 37 brasses.		Lat. 24° 44′ N., Long. 83° 26′ O.
" No. 11.	"	37	"	Lat. 24° 43′ N., Long. 83° 25′ O.

LISPOGNATHUS (nov. gen.).

La carapace est pyriforme et les yeux n'ont pas de cavité orbitaire dans laquelle ils puissent se reployer. Le rostre est bifide, peu allongé; la portion interorbitaire de la carapace est étroite et pourvue de chaque coté d'une épine au dessus de l'insertion du pédoncule oculaire; il existe aussi une épine postorbitaire. L'article basilaire des antennes externes est très étroit et terminé en dehors par une petite épine; la tigelle mobile est beaucoup plus longue que les pointes du rostre et insérée à découvert sur les cotés de celles-ci. Les fossettes antennulaires sont très allongées; elles se continuent au dessous de la base des cornes rostrales. L'éxognathe des pattes machoires externes est très long; le mérognathe est beaucoup plus étroit que l'ischiognathe, il est très retréci à sa base et arrondi à son extrémité. Les pattes ambulatoires sont longues et très grêles. L'abdomen de la femelle est très large. Ce genre relie les *Euprognatha* aux *Anisonotus*.

46. Lispognathus furcatus (nov. sp.).

La carapace porte en dessus sur la ligne médiane deux épines dressées, l'une gastrique et l'autre cardiaque; les lobes protogastriques et les régions branchiales portent une épine. Le sillon gastrique est profond et semble étrangler la carapace au dessous des régions hépatiques. Celles-ci sont renflées et armées de deux ou trois petites épines, les bords des régions branchiales portent aussi quelques spinules. Les cornes rostrales sont cylindriques, pointues, légèrement divergentes et légèrement relevées. Le pédoncule oculaire est pourvu en avant d'une petite épine. Les pattes antérieures de la femelle sont ornées de quelques épines et revêtues de poils raides. Les mains sont arquées en dedans et leurs doigts sont très élevés et en contact dans toute leur étendue. La cuisse des pattes ambulatoires présente une épine terminale au dessus de l'articulation de la jambe; les doigts sont longs et légèrement courbés vers leur extrémité.

Largeur de la carapace 0.007
Longueur 0.010

Station No. 260. Profond. 291 brasses. Grenade.

ANASIMUS (nov. gen.).

La carapace est pyriforme et bombée en dessus elle se retrécit beaucoup dans la région interorbitaire. Le rostre est pointu et dirigé en avant et en haut. Les yeux sont grands, et ne peuvent se replier dans des fossettes orbitaires. Une épine postorbitaire se voit de chaque côté. L'article basilaire des antennes externes est très allongé et très étroit comme chez les *Podochela ;* il porte en dessous un tubercule au niveau des yeux; la tigelle mobile est grande et insérée à découvert. Ses deux premiers articles dépassent en longueur le rostre. Les antennules sont longues et repliées longitudinalement dans des fossettes creusées à la base du rostre. La cloison frontale antennulaire se prolonge en une forte dent triangulaire comme chez les *Pyromaia* et les *Anisonotus.* L'éxognathe des pattes machoires externes se rétrécit vers son extrémité. Le mérognathe est étroit à sa base, échancré profondément à son angle antéro-interne pour l'insertion du palpe et fortement auriculé au dessous de cette insertion. Les pattes ambulatoires sont très grêles, les deux premières paires sont de même longueur, la troisième et la quatrième sont un peu plus courtes. Les doigts sont allongés et faibles, et ne constituent pas des crochets comme chez les *Podochela.* La disposition de la région fronto-antennaire, et celle des pattes ambulatoires distingue nettement ce genre des *Anisonotus.*

47. Anasimus fugax (nov. sp.).

La carapace porte sur la ligne médiane trois épines dressées, la première occupe la région gastrique, la seconde de même taille est placée sur le lobe cardiaque antérieur, la troisième plus petite surmonte le lobe cardiaque postérieur. Le premier article de l'abdomen porte une quatrième épine. Les lobes protogastriques sont armés chacun d'une épine, trois épines ou tubercules disposés en série longitudinale existent sur les régions branchiales. La surface de la carapace est irrégulièrement granuleuse, le rostre est court et spinuleux en dessus. Le bord sourcilier est armé d'une épine. Les pattes antérieures du mâle sont faibles, elles sont revêtues de poils raides et espacés. Le bras porte quelques petites épines et les doigts des pinces sont en contact dans toute leur longueur. Les pattes ambulatoires sont formées d'articles cylindriques et lissés. Le plastron sternal et l'abdomen sont granuleux.

L'abdomen de la femelle est très large.

Largeur de la carapace d'un mâle 0.009
Longueur 0.013
Largeur totale les pattes étendues 0.075

Station No. 132.   Profond. 115 brasses.   Santa Cruz.
"   No. 292.   "   56   "   Barbades.

48. **Anisonotus curvirostris** (A. M.-Edwards, op. cit., p. 196, pl. 36, fig. 3).

Expéd. du Hassler.   Profond. 100 brasses.   Barbades.
Station No. 65.   "   127   "   Havane.
"   No. 157.   "   120   "   Montserrat.
"   No. 241.   "   163   "   Grenadines.
"   No. 269.   "   124   "   St. Vincent.
"   No. 290.   "   73   "   Barbades.

49. **Pyromaia cuspidata** (Stimpson, A. M.-Edwards, op. cit., p. 197, pl. 36, fig. 2).

Station No. 26.   Profond. 110 brasses.   Lat. 24° 37′ 30″ N., Long. 83° 36′ O.
"   No. 50.   "   119   "   Lat. 26° 31′ N., Long. 85° 53′ O.

50. **Eurypodius Latreillei** (Guérin).

Expéd. du Hassler.   No. 33.   Profond. 58 brasses.   Lat. 51° 26′ S., Long. 68° 5′ O.

51. **Salacia tuberculosa** (A. M.-Edwards et Lucas).

Expéd. du Hassler.   Rio de la Plata.

FAMILLE DES PORTUNIENS.

52. **Neptunus sulcatus** (A. M.-Edwards, op. cit., p. 216, pl. 29, fig. 3).

Expéd. du Hassler, 18 Janvier, 1872.   Profond. 17 brasses.   Lat. 11° 49′ S., Long. 37° 27′ O.

53. **Neptunus (Hellenus) spinicarpus** (Stimpson, A. M.-Edwards, *op. cit.*, p. 221, pl. 40, fig. 1).

Station No. 12.	Profond. 36 brasses.	Lat. 24° 31′ N., Long. 83° 16′ O.	
" No. 36.	" 84 "	Lat. 23° 13′ N., Long. 89° 16′ O.	
" No. 116.	" 150 "	Lat. 17° 55′ N., Long. 76° 41′ 20″ O.	
" No. 132.	" 115 "	Santa Cruz.	
" No. 144.	" 21 "	Saba-Bank (individu très jeune).	
" No. 148.	" 208 "	St. Kitts.	
" No. 253.	" 92 "	Grenade.	
" No. 290.	" 73 "	Barbades.	
" No. 292.	" 56 "	Barbades.	
" No. 293.	" 82 "	Barbades.	

54. **Neptunus cribrarius** (Lamark).
" Bache." Profond. 47 brasses. Sombréro.

55. **Neptunus Sayi** (Gibbes).
Coll. Stimpson. Profond.? Sombréro.

56. **Achelous spinimanus** (Latreille).
Coll. Stimpson. Profond.? Sombréro.

57. **Achelous depressifrons** (Stimpson, A. M.-Edwards, *op. cit.*, p. 230, pl. 40, fig. 4).
Coll. Stimpson. Profond.? Key West.

58. **Cronius ruber** (Lamark).
Expéd. du Hassler. Profond. 12-17 brasses. Lat. 11° 49′ S., Long. 37° 27′ O.

59. **Bathynectes longispina** (Stimpson, A. M.-Edwards, *op. cit.*, p. 234, pl. 42, fig. 1).
Station No. 6. Profond. 137 brasses. Lat. 24° 17′ 30″ N., Long. 82° 9′ O.

60. **Cœnophthalmus tridentatus** (A. M.-Edwards, *op. cit.*, p. 237, pl. 42, fig. 2).
Expéd. du Hassler. Lat. 41° 17′ S., Long. 63° O. Lat. 41° 40′ S., Long. 63° 18′ O.

FAMILLE DES CANCÉRIENS.

61. **Actæa nodosa** (Stimpson).

Station No. 11.	Profond. 37 brasses.	Lat. 24° 43′ N., Long. 83° 25′ O.	
" No. 132.	" 115 "	Santa Cruz.	
" No. 142.	" 27 "	Flannegan Passage.	
" No. 276.	" 94 "	Barbades.	

62. **Carpoporus granulosus** (Stimpson, A. M.-Edwards, *op. cit.*, p. 247, pl. 44, fig. 1).

Station No. 10. Profond. 37 brasses. Lat. 24° 44′ N., Long. 83° 26′ O.
" No. 12. " 36 " Lat. 24° 34′ N., Long. 83° 16′ O.

63. **Medæus spinimanus** (A. M.-Edwards, Crust. du Mexique, p. 260, pl. 44, fig. 3).

Station No. 287. Profond. 7½ à 50 brasses. Barbades.

64. **Glyptoxanthus erosus** (Stimpson, A. M.-Edwards, *op. cit.*, p. 254, pl. 43, fig. 3 et 44, fig. 4).

Station No. 12. Profond. 36 brasses. Lat. 24° 34′ N., Long. 83° 16′ O.

65. **Xanthodes bidentatus** (nov. sp.).

Le corps est entièrement lisse et nu. Les régions gastriques et hépatiques sont à peine marquées; la surface dorsale est presque plate transversalement et peu bombée d'avant en arrière. Le front est formé de deux lobes tronqués, et finement granuleux, séparés sur la ligne médiane par une petite échancrure. Les angles orbitaires internes sont moins avancés que le front. Les bords latéro-antérieurs sont minces. L'angle postorbitaire constitue un petit lobe à peine saillant, en arrière duquel existent deux dents; la première est lobiforme et à contour arrondi, la seconde est grosse et obtuse. L'orbite est très faiblement échancrée en dessous et en dehors. L'article basilaire des antennes externes est grêle, et il se joint au front par son angle antéro-interne. Les pattes antérieures du mâle sont courtes et inégales; le bras est caché sous la carapace; l'avant bras est armé en dedans d'une dent obtuse. La main est arrondie, et le pouce porte à sa base une grosse dent arrondie. Les pattes ambulatoires sont faibles et légère-ment pubescentes vers leur extrémité. Le plastron sternal et l'abdomen du mâle sont revêtus d'un duvet court et peu serré.

Largeur de la carapace d'un mâle . . . . . 0.014.
Longueur . . . . 0.011.

Station No. 262. Profond. 92 brasses. Grenade.

66. **Menippe Rumphii** (Fabricius, A. M.-Edwards, *op. cit.*, p. 263, pl. 48, fig. 4).

Station No. 10. Profond. 37 brasses. Lat. 24° 44′ N., Long. 83° 26′ O.

67. **Leptodius Agassizii** (A. M.-Edwards).

Coll. Stimpson. Profond. 12–18 brasses. Récifs de la Floride.

68. **Melybia forceps** (A. M.-Edwards).

Expéd. du Hassler. No. 16. Profond. 30 brasses. Abrolhos (Brésil).

69. **Pilumnus aculeatus** (Say).

Station No. 12. Profond. 36 brasses. Lat. 24° 34′ N., Long. 83° 16′ O.
" No. 142. " 27 " Flannegan Passage.

70. **Pilumnus vinaceus** (A. M.-Edwards).
Station No. 10. Profond. 37 brasses. Lat. 21° 44′ N., Long. 83° 26′ O.
Coll. par Stimpson. Woman Key.

71. **Pilumnus gracilipes** (A. M.-Edwards).
Expéd. du Hassler. Profond. 100 brasses. Barbades.

72. **Pilumnus gemmatus** (Stimpson).
Station No. 10. Profond. 37 brasses. Lat. 24° 44′ N., Long. 83° 25′ O.
Coll. par Stimpson à 17 brasses. Key West, Woman Key, Tortugas.

73. **Pilumnus lactæus** (Stimpson).
Station No. 11. Profond. 37 brasses. Lat. 24° 43′ N., Long. 83° 25′ O.

74. **Pilumnus urinator** (A. M.-Edwards).
Station No. 134. Profond. 248 brasses. Santa Cruz.

75. **Pilumnus nudifrons** (Stimpson).
Station No. 273. Profond. 103 brasses. Barbades.

76. **Lobopilumnus Agassizii** (Stimpson).
Coll. par Stimpson. Profond. 19 brasses. Sombréro.

77. **Lobopilumnus pulchellus** (A. M.-Edwards).
Coll. par Stimpson. Profond. 12 brasses. Mujeres Id., Contoy, Yucatan.

78. **Pilumnoides Hassleri** (A. M.-Edwards).
Expéd. du Hassler. Profond. 30 brasses. Lat. 40° 22′ S., Long. 60° 35′ O.
"   "   "   Embouchure de la Bermeja. Lat. 41° 17′ S., Long. 63° O.

79. **Panopeus Herbstii** (M.-Edwards).
Bahia.

80. **Panopeus Harrisii** (Stimpson).
Coll. par Stimpson. Great Egg Harbor.

81. **Panopeus serratus** (de Saussure).
Coll. par Stimpson. Key West.

82. **Panopeus occidentalis** (de Saussure).
Coll. par Stimpson. Cuba.

83. **Panopeus xanthiformis** (nov. sp.).
Cette espèce ressemble beaucoup par son aspect général à un *Xanthodes*. La carapace est déprimée, peu élargie et granuleuse près des bords latéro-antérieurs. Le front est formé de deux lobes séparés sur la ligne médiane par une fissure étroite. Les orbites sont larges, et leur bord inférieur est finement crénelé ; leur

bord supérieur est interrompu en dessus par deux fissures, et leur bord inférieur est entamé en dehors par une échancrure petite et triangulaire, en arrière de laquelle se voit une dent subhépatique très petite. Les bords latéro-antérieurs sont divisés en quatre dents, la première est très petite, arrondie et située en arrière de l'angle postorbitaire; la seconde et la troisième sont grandes et granuleuses sur leurs bords; la dernière est très petite et pointue. Les régions latéro-inférieures sont couvertes de granulations. Les pattes antérieures sont rendues rugueuses par de très fines granulations.

Largeur de la carapace d'un mâle 0.013
Longueur 0.009

Station No. 177.   Profond. 118 brasses.   Dominique.
"   No. 253.   "   92   "   Grenade.
"   No. 290.   "   73   "   Barbades.

84. **Micropanope spinipes** (A. M.-Edwards).
Expéd. du Hassler.   Profond. 30 brasses.   Abrolhos (Brésil).

85. **Micropanope sculptipes** (Stimpson).
Station No. 45.   Profond. 101 brasses.   Lat. 25° 33′ N., Long. 84° 21′ O.
"   No. 290.   "   73   "   Barbades.

86. **Micropanope pusillus** (A. M.-Edwards).
Station No. 12.   Profond. 36 brasses.   Lat. 24° 34′ N., Long. 83° 16′ O.
Coll. par Stimpson.   Profond 17 brasses.   Floride.

87. **Micropanope pugilator** (A. M.-Edwards).
Station No. 11.   Profond. 37 brasses.   Lat. 24° 43′ N., Long. 83° 25′ O.
"   No. 45.   "   101   "   Lat. 25° 33′ N., Long. 84° 21′ O.
"   No. 132.   "   115   "   Santa Cruz.
"   No. 247.   "   170   "   Grenade.
"   No. 278.   "   69   "   Barbades.

88. **Micropanope lobifrons** (A. M.-Edwards).
Station No. 247.   Profond. 170 brasses.   Grenade.
"   No. 276.   "   94   "   Barbades.

89. **Neopanope lobipes** (A. M.-Edwards).
Station No. 10.   Profond. 37 brasses.   Lat. 24° 44′ N., Long. 83° 26′ O.

90. **Neopanope Pourtalesii** (A. M.-Edwards).
Coll. par Stimpson.   Woman Key.
Station No. 10.   Profond. 37 brasses.   Lat. 24° 44′ N., Long. 83° 26′ O.

91. **Glythoplax Smithii** (A. M.-Edwards).
Key West.

92. **Eucratodes Agassizii** (A. M.-Edwards).
Coll. par Stimpson.   Profond. 100 brasses.   Lat. 21° 14′ N.

FAMILLE DES CARCINOPLACIDES.

FREVILLEA (nov. gen.).

Ce genre doit prendre place dans la famille des Carcinoplacides dont le premier article de l'abdomen est large et cache complètement le dernier segment sternal. Les verges du mâle naissent directement sur l'article coxal des pattes de la cinquième paire. La disposition du front, des pédoncules oculaires et des orbites rapproche d'autre part ce genre des *Gonoplax* et de certains Macrophthalmiens. Le cadre buccal est plus large en avant qu'en arrière et son bord antérieur présente de chaque côté deux fissures. L'épistome est grand. L'article basilaire des antennes externes est large et court. Celui des antennes internes est gros et arrondi, les deux premiers articles de la tigelle mobile sont très longs et dépassent le front lorsqu'ils sont repliés. Les pattes antérieurs sont subégales et terminées par des doigts pointus ; le bras ne déborde guère la carapace. Les pattes ambulatoires sont longues, grèles et comprimées.

93. **Frevillea barbata** (nov. sp.).

La carapace est glabre, lisse, et quadrilatère, elle est plus large en avant qu'en arrière. Le front est avancé très légèrement décliné et plus avancé sur les côtés qu'au milieu. Les orbites occupent tout le reste de la largeur de la carapace ; leur bord supérieur est sinueux ; il porte vers son extrémité une étroite fissure et l'orbite est limitée en dehors par une forte épine latéro-antérieure. Le bord orbitaire inférieur est très échancré en dessous. En arrière de l'épine ou dent postorbitaire dont il vient d'être question se trouve une seconde épine beaucoup plus petite. Les pattes antérieures sont lisses, la main est comprimée. La portion palmaire est de la même longueur que les doigts. L'avant bras est arrondi en dehors et armé en dedans d'une épine un peu crochue. Une autre courte épine existe vers le milieu du bord postérieur du bras, à la jonction de la main, et de l'avant bras et en dehors se trouve un espace arrondi, légèrement déprimé et revêtu de poils très doux, touffus et d'un jaune très clair.

Largeur de la carapace d'un mâle 0.026
Longueur 0.017
Largeur totale les pattes étendues 0.096

Station No. 36. Profond. 84 brasses. Lat. 23° 13′ N., Long. 89° 16′ O.

94. **Frevillea rosæa** (nov. sp.).

Cette espèce se distingue de la précédente par sa carapace plus épaisse et moins élargie en avant ; les bords latéraux étant presque parallèles. Le front est plus large et à bord plus droit. Les pédoncules oculaires sont plus gros et plus courts. L'angle postorbitaire est formé par une dent pointue, en arrière de laquelle existe un petit renflement tuberculiforme puis une épine hépatique courte mais acérée. Les pinces et les pattes ambulatoires sont disposées comme chez le *Frevillea barbata*.

Largeur de la carapace d'un femelle 0.020
Longueur 0.015

Station No. 232. Profond. 88 brasses. St. Vincent.

95. **Frevillca Sigsbei** (nov. sp.).

Chez cette espèce les pinces sont dépourvues de bouquets de poils ; le front est presque droit, les bords latéro-antérieurs portent deux dents comme chez la *Frevillca barbata*, mais la première est moins longue. Le dernier article des pattes de la cinquième paire est beaucoup plus élargi que chez les espèces précédentes.

Largeur de la carapace d'une femelle chargée d'œufs . 0.014
Longueur 0.009
Station No. 253. Profond. 92 brasses. Grenade.

96. **Frevillca tridentata** (nov. sp.).

Chez cette espèce il y a trois dents latéro-antérieures au lieu de deux ; les pinces sont dépourvues de bouquets de poils ; les doigts des pattes de la cinquième paire sont styliformes et l'avant bras des pattes antérieures est armé de deux épines, l'une en dedans, l'autre en dehors.

Largeur de la carapace d'une femelle 0.008
Longueur 0.005
Station No. 287. Profond. 7½–50 brasses. Barbades.

BATHYPLAX (nov. gen.).

Ce genre se place à côté des *Carcinoplax*, il en diffère par son front plus avancé, par ses pédoncules oculaires très petits, immobiles et dépourvus de cornéules, l'animal étant par conséquent aveugle, par ses orbites rudimentaires, par la largeur du cadre buccal en avant et par ses pinces beaucoup plus courtes.

97. **Bathyplax typhlus** (nov. sp.).

La carapace est plane transversalement mais très bombée d'avant en arrière, sa surface est couverte de granulations très fines, peu élevées ce qui lui donne un aspect rugueux. Les régions sont peu marquées surtout en avant, en arrière il existe des sillons branchio-cardiaques très distincts et deux saillies surmontent en dehors les régions branchiales. Le front est droit, large et très avancé. Les bords latéro-antérieurs sont arqués, épais et armés de deux épines, l'une hépatique et l'autre terminale. Les pédoncules oculaires ont la forme de deux petits boutons saillants ; ils sont enchassés à leur base dans les orbites qui ne leur laissent aucune mobilité. L'article basilaire des antennes externes est large et serré entre le bord orbitaire et le prolongement sous frontal ; sa tigelle mobile, insérée dans l'angle de l'orbite est longue. L'article basilaire des antennes internes est remarquablement gros. Le cadre buccal est très ouvert et très échancré en avant. L'éxognathe des pattes machoires externes est large, le mérognathe est arrondi à son angle antéro-externe.

Les pattes antérieures sont dissemblables et de longueur médiocre, le bras ne déborde pas la carapace, il porte en dessous une épine et en dessus une sorte de bourrelet transversal disposé de manière à frotter contre les granulations des régions pterygostomiennes et à rendre un ton facilement perceptible. L'avant bras porte du côté droit une épine et du côté gauche un simple tubercule ou une épine plus faible. La pince gauche est plus courte que l'autre elle présente en dedans une très forte dilatation triangulaire qui n'est qu'en prolongement de son bord supérieur. La face externe de la main est déprimée et le bord inférieur très mince est très arqué. Les doigts sont comprimés, pointus et en contact dans toute leur étendue. La pince droite est plus grande, plus épaisse ; elle ne présente pas d'apophyse interne, les doigts sont longs et en contact par leur extrémité seulement. Ces caractères existent dans les deux sexes, mais ils sont plus accusés chez le mâle que chez la femelle. Les pattes ambulatoires sont longues, grêles et hérissées de petits poils très courts. L'abdomen du mâle est court divisé en 7 articles, et il s'étend latéralement jusqu'à la base de l'article coxal des pattes de la cinquième paire.

Largeur de la carapace d'un mâle (avec les épines) . . 0.022
Longueur 0.017
Largeur de la carapace d'une femelle 0.024
Longueur 0.020

Station No. 130. Profond. 451 brasses. Frederickstadt.
" No. 221. " 423 " Ste. Lucie.

EUCRATOPLAX (nov. gen.).

Ce genre établit en passage entre les Panopéens et les *Euryplax* ou les *Panoplax*. En effet la carapace est un peu arrondie en avant et les bords latéro-antérieurs sont divisés en quatre dents, mais le cinquième article de l'abdomen du mâle laisse à découvert une grande partie du dernier segment sternal, et il existe un canal pour le passage du tube déférent. Le cadre buccal, et la région orbitaire sont disposés comme chez les Panopéens.

Le 3e, 4e, et 5e articles de l'abdomen du mâle sont soudés en une seule pièce.

98. Eucratoplax guttata (nov. sp.).

La carapace est lisse et peu bombée ; les régions y sont faiblement marquées. Le front est un peu décliné, à bord arrondi et échancré sur la ligne médiane. Les orbites sont grandes. Les quatres dents latéro-antérieures sont à peu près égales, la première est un peu plus large et la dernière plus petite que les autres. Les pattes antérieures sont fortes et finement ponctuées. La main est renflée, son bord supérieur porte au dessus de l'articulation avec l'avant bras, une proéminence aplatie. Les doigts sont légèrement contournés en dedans ; leur extrémité est pointue, et le pouce est armé à sa base d'une grosse dent. L'avant bras est pourvu en dedans d'une courte épine et en dehors d'une courte crête longitudinale. Le bras est surmonté d'une dent spiniforme située vers le milieu de son bord postérieur. Les pattes ambulatoires sont grêles et pourvues de quelques poils sur leurs bords.

Largeur de la carapace d'une femelle 0.014
Longueur 0.012

Coll. par Stimpson à Sombréro.
La carapace est du couleur jaunâtre tachetée de brun.

99. **Eucratoplax elata** (nov. sp.).

Cette espèce dont je ne connais que la femelle, diffère de la précédente par sa carapace plus large, plus épaisse, par la disposition des dents latéro-antérieures dont deux seulement sont bien développées, les autres étant rudimentaires. Les pinces ne présentent ni dents ni épines ni apophyses. Enfin les pattes ambulatoires sont plus aplaties que chez l'*Eucratoplax guttata*.

Largeur de la carapace d'une femelle 0.010
Longueur 0.007
Coll. par Stimpson. Profond. 13 brasses. Floride occidentale.

100. **Euchirograpsus americanus** (nov. sp.).

La carapace est très aplatie et les bords latéraux sont parallèles ; la surface est très légèrement granuleuse et hérissée de poils très courts, clairsemés et visibles seulement à la loupe. Le front est droit, lamelleux, avancé et échancré sur la ligne médiane. Les orbites sont larges et profondes. L'angle orbitaire externe est spiniforme. En arrière le bord latéral est armé de trois épines la 1er et la 3ème plus petites que la seconde. Chez l'*Euchirograpsus liguricus*, ces épines sont remplacées pour de véritables dents. Les pinces sont granuleuses et armées de crêtes longitudinales, les pattes ambulatoires ressemblent beaucoup à celles de l'*Euchirograpsus liguricus*.

Largeur de la carapace d'un mâle 0.011
Longueur 0.105
Station No. 278. Profond. 69 brasses. Barbades.

FAMILLE DES OXYSTOMES.

(CALAPPIENS.)

101. **Calappa angusta** (nov. sp.).

La carapace est plus étroite en arrière que chez toutes les autres espèces de ce genre, les expansions latéro-postérieures ne s'étendent guère plus loin en dehors que les bords latéro-antérieurs. Les bords sont finement granuleux, les expansions sont dentées et elles se rattachent au bord postérieur par une ligne oblique, légèrement découpée. Le front est profondément échancré sur la ligne médiane, et vu en dessus, il semble bilobé. La surface de la carapace est couverte de protubérances.

Largeur de la carapace d'un mâle (mesurée au de niveau l'articulation des pinces) 0.010
Largeur mesurée au niveau des expansions latéro-postérieures . 0.010
Longueur 0.010

Station No. 132.   Profond. 115 brasses.   Santa Cruz.
    "   No. 32.   "   95   "   Lat. 23° 32', Long. 88° 5' W.
    "   No. 36.   "   84   "   Lat. 23° 13', Long. 89° 16'.
    "   No. 262.   "   92   "   Grenade.

Stimpson, "Bache." Profond. 54 brasses. Sombréro.
Expéd. du Hassler. " 100 " Barbades.
Station No. 273. " 103 " Barbades.

102. **Calappa galloides** (Stimpson).
Coll. par Stimpson. Profond. 12–18 brasses. Contoy.

103. **Acanthocarpus Alexandri** (Stimpson).*
Station No. 36. Profond. 84 brasses. Lat. 23° 13′ N., Long. 89° 16′ O.
" No. 143. " 150 " Saba Bank.
" No. 220. " 116 " Ste. Lucie.
" No. 238. " 127 " Grenadines.

104. **Acanthocarpus bispinosus.**
Plate I. Fig. 1.

Le genre *Acanthocarpus* de Stimpson diffère des *Mursia* et des *Thealia* par l'absence d'une épine latérale, il est caractérisé par l'existence d'une longue épine armant l'avant bras et dirigée en dehors. L'*A. bispinosus* devrait peut-être prendre place dans un genre nouveau, il se rapproche plus de la *Thealia acanthophora*, car il porte une épine latérale très développée, mais il présente à l'avant bras une épine très longue, la carapace est beaucoup plus circulaire que celle de l'*A. Alexandri*, dont l'angle latéral est arrondi, la dent rostrale est plus longue, et le bord latéro-postérieur au lieu de ne porter qu'une forte dent est garni d'une série de tubercules pointus, le bord postérieur s'avance moins sur la ligne médiane, et il est orné de granulations. Le plastron sternal est dépourvu sur son premier article de saillie latérale. Les pattes mâchoires externes portent en dehors une frange de poils, les pattes antérieures n'offrent rien de particulier à noter, elles sont pourvues à leur face interne, de même que celles de l'*A. Alexandri* d'une saillie transversale striée qui en frottant contre une crête correspondante de la région latéro-inférieure de la carapace, peut produire un bruit assez fort. Les pattes ambulatoires sont plus faibles que chez l'autre espèce du même genre.

Largeur de la carapace d'un mâle mésurée sans les épines 0.040
Largeur de la carapace d'un mâle mésurée avec les épines 0.084
Longueur de la carapace 0.039
Largeur totale mésurée au niveau des pointes des épines antibrachiales 0.110
Station No. 210. Trouvée à 110 brasses aux récifs de Grenadines.

105. **Peltarion magellanicus** (Lucas).
Expéd. du Hassler. Profond. 58 brasses. Lat. 51° 26′ S., Long. 68° 5′ O.
" " " " 44 " Lat. 37° 42′ S., Long. 56° 20′ O.

TRICHOPELTARION (nov. gen.).

Ce genre ne diffère du *Peltarion* que par sa carapace très bombée et velue comme celle des *Dromia* et par la remarquable inégalité de ses pinces.

* Voyez Pl. I. Fig. 2.

106. Trichopeltarion nobile (nov. sp.).*

Carapace aussi longue que large beaucoup plus bombée que celle du *Peltarion magellanicus* couverte d'un revêtement duveteux épais, front formé de trois épines dont la médiane est plus courte que les latérales. Bord orbitaire supérieur coupé par une échancrure et armé en dedans d'une épine élargie à sa base et de petites épines dans le reste de son étendue, orbite peu profonde et œil très grêle, très réduit et arqué, angle sous-orbitaire interne spiniforme. Bords latéro-antérieurs armés d'épines souvent bifurquées ou trifurquées. La plus forte occupe le milieu de la région branchiale, le bord postérieur est orné de tubercules pointus. D'autres tubercules semblables existent sur le lobe métabranchial et cardiaque postérieur, ainsi que le long des bords latéro-postérieurs. Les impressions branchio-cardiaques sont très profondes. Les pattes antérieures sont très inégales, celle de droite est énorme et presque complètement glabre, quelques spinules surmontent le bord postérieur du bras, le bord interne de l'avant bras et le bord supérieur de la main. Celle de gauche est très petite, comprimée poilue et épineuse. Les pattes ambulatoires sont poilues et assez longues.

Largeur de la carapace d'un mâle (sans les épines). 0.065
Largeur avec les épines 0.077
Longueur 0.066
Longueur de la patte antérieure droite 0.096
Longueur de la patte antérieure gauche . . . 0.055

Station No. 219. Ste. Lucie à une profondeur de 151 brasses.

107. Corystoides abbreviatus (nov. sp.).

Dans le genre *Corystoides* les antennes externes sont soudées au front et ferment complètement l'orbite en dedans, la tigelle mobile est remarquablement petite et appliquée sous le bord frontal de manière à rester cachée. C'est ce qui a trompé M. Lucas qui donne comme caractère à ce genre l'absence d'une paire d'antennes. Les antennes internes sont au contraire très développées.

Le *Corystoides abbreviatus* diffère du *C. Chilensis* par sa carapace plus courte, plus tronquée en avant, plus bombée et par ses bords latéro-antérieurs plus courts. Les caractères généraux de ces deux espèces sont d'ailleurs les mêmes.

Largeur de la carapace d'un mâle 0.018
Longueur 0.020

Expéd. du Hassler. Rio de la Plata au dessous de Montevideo à 7 brasses de profondeur.

108. Osachila tuberosa (STIMPSON).

Coll. par Stimpson.	Profond. 54 brasses.	Sombréro.
Station No. 132.	" 115 "	Santa Cruz.
" No. 155.	" 88 "	Montserrat.
" No. 156.	" 88 "	Montserrat.
" No. 177.	" 118 "	Dominique.

* Voyez Pl. II.

Station No. 192.   Profond. 138 brasses.   Dominique.
"   No. 232.   "   88   "   St. Vincent.
"   No. 253.   "   92   "   Grenade.
"   No. 254.   "   164   "   Grenade.
"   No. 272.   "   76   "   Barbades.

FAMILLE DES LEUCOSIENS.

MYROPSIS.

Stimpson indique tous les articles de l'abdomen du mâle comme soudés en une seule pièce, chez tous les exemplaires que j'ai étudiés le premier et second et le septième articles sont libres les 3, 4, 5, et 6 sont soudés.

109. **Myropsis quinquespinosa** (Stimpson).

Station No. 36.   Profond. 84 brasses.   Lat. 23° 13' N., Long. 89° 16' O.
"   No. 45.   "   101   "   Lat. 25° 33' N., Long. 84° 21' O.
"   No. 206.   "   170   "   Martinique.
"   No. 262.   "   92   "   Grenade.

110. **Myropsis constricta** (nov. sp.).

La carapace, au lieu d'être globuleuse, est rétrécie en avant, et les granulations, au lieu d'être très régulières, sont très petites, sur les portions moyenne et postérieure, et plus courtes que chez l'espèce précédente.

Largeur de la carapace 0.021
Longueur 0.026

Expéd. du Hassler.   Profond. 100 brasses.   Barbades.

111. **Myropsis goliath** (nov. sp.).

Cette espèce atteint une taille très considérable, c'est le plus grand Leucosien que j'aie vu. La carapace est globuleuse comme chez le *Myropsis quinquespinosa*, mais les granulations sont beaucoup plus grosses, surtout sur les parties latéro-inférieures et antérieures du bouclier céphalothoracique et sur les pinces. Le sillon branchio-cardiaque est profond, et deux dépressions circulaires, situées de chaque côté, bornent la région gastrique.

Largeur de la carapace d'une femelle 0.056
Longueur 0.062
Largeur les pinces étendues 0.230

Station No. 241.   Profond. 163 brasses.   Cariacou.

112. **Iliacantha subglobosa** (Stimpson).

Station No. 155.   Profond. 88 brasses.   Montserrat.
"   No. 177.   "   118   "   Dominique.
"   No. 272.   "   76   "   Barbades.
"   No. 276.   "   94   "   Barbades.
"   No. 278.   "   69   "   Barbades.
"   No. 292.   "   56   "   Barbades.

113. Callidactylus asper (Stimpson).

Coll. par Stimpson. Profond. 19 brasses. Sombréro.

114. Lithadia rotundata (nov. sp.).

La carapace est subglobuleuse, peu élargie et déprimée dans la région hépatique, renflée dans tout le reste de son étendue. Un fossé profond et dont le fond est fortement corrodé entoure la région cardiaque de tous les côtés sauf en avant. Les bords latéraux présentent trois renflemements à peine marqués. Les pattes sont courtes et couvertes de granulations aplaties mais peu saillantes. Le plastron sternal du mâle est excavé et marqué de sillons corrodés au niveau des lignes de suture, l'abdomen porte une épine sur son cinquième article.

Longueur de la carapace d'un mâle 0.010
Largeur 0.010

Expéd. du Hassler. Embouchure de la Bermeja. Lat. 41° 17′ S., Long. 63° O.

115. Lithadia granulosa (nov. sp.).

Le corps et les pattes sont couverts de granulations aplaties et très serrées.

La carapace est beaucoup moins renflée latéralement que chez la *Lithadia cadaverosa*. Les sillons latéraux sont remplacés par des dépressions, et il n'existe pas de sillon médian. Les régions branchiales portent en dedans une saillie pyramidiforme et en dehors et en arrière une crête mousse qui part de la naissance du sillon branchio-cardiaque et se dirige vers le bord latéral. Ce dernier est decoupé en trois dents, l'une hépatique et les deux autres branchiales. La région cardiaque forme une saillie arrondie et limitée latéralement et en arrière par un sillon profond.

Largeur de la carapace d'une femelle 0.008
Longueur 0.007

Station No. 132. Profond. 115 brasses. Santa Cruz.

116. Lithadia cadaverosa (Stimpson).

Coll. par Stimpson. Profond. 20 brasses. Floride O.

117. Ebalia Stimpsonii (nov. sp.).

Carapace héxagonale, couverte de granulations aplaties et très rapprochées, plus grosses sur les parties postérieures, front échancré. Lobe cardiaque postérieur saillant et cerclé par un sillon profond. Bords latéro-postérieurs portant une dilatation lobiforme au niveau du sillon cardiaque antérieur. Le bord postérieur terminé latéralement par des angles lobiformes et arrondis. Pattes antérieures assez longues entièrement couvertes de granulations semblables à celles de la carapace. Pattes ambulatoires petites et revêtues de granulations plus fines. Parties inférieures granuleuses.

Largeur de la carapace d'une femelle 0.006
Longueur 0.0065

Chez les mâles la carapace est plus rétrécie et les lobes latéro-postérieurs sont plus saillants.

Station No. 287. Profond. 7 à 50 brasses. Barbades.

118. Spelæophorus triangulus (nov. sp.).

La carapace, au lieu d'être semi-circulaire, est élargie en arrière et très rétrécie en avant. Les bords latéro-antérieurs sont concaves, les bords latéro-postérieurs portent deux saillies, l'antérieure plus avancée et plus étroite que la postérieure. Lobe cardiaque postérieur limité de chaque côté par une anfractuosité profonde. Région subhépatique surmontée d'une saillie pointue. Corps et pattes entièrement couverts de granulations. Bras des pinces portant en arrière deux fortes dents triangulaires ; mains garnies d'une crête qui prend naissance au dessus du pouce et s'étend jusqu'à l'avant bras.

Largeur de la carapace 0.0065
Longueur 0.0050

Chez les exemplaires adultes la carapace est bosselée, profondément corrodée à sa surface tandis qu'elle est beaucoup plus lisse chez les jeunes.

Coll. par Stimpson. Un jeune trouvé à Charlotte Harbor par 11 brasses.
" " " Un adulte trouvé à Sand Key par 125 brasses.

FAMILLE DES DORIPPIENS.

CORYCODUS (nov. gen.) *

Je n'ai entre les mains qu'un exemplaire mutilé de ce genre, mais il est tellement différent de tous les Crustacés connus qu'il sera toujours facile de le reconnaitre aux caractères suivants. La carapace est subpentagonale et extrêmement renflée et épaisse surtout en avant où la région faciale représente l'angle antérieur d'un pentagone. La carapace est globuleuse et intimement soudée au plastron sternal *il existe une espace considérable entre l'insertion des pattes de la première paire et celle des pattes de la seconde.* Le corps semble tronqué en arrière à cause de la position très reculée occupée par l'abdomen (chez la femelle) qui ne recouvre que les trois derniers anneaux du sternum. L'exognathe est court et ne dépasse pas l'extrémité de l'ischiognathe.

119. Corycodus bullatus (nov. sp.).

La carapace est couverte de tubercules à extrémité aplatie dont quelques uns se développent de manière à ressembler à de petits batonnets. Ces tubercules tendent à disparaitre sur la ligne médiane et en arrière; ils sont très grands le long des bords antérieurs. Les régions sont à peine marquées, à l'exception de la région cardiaque qui est petite mais limitée par des sillons profonds, très rapprochés en avant et très divergents en arrière. Les bords latéro-antérieurs sont un peu

---

* de χωρυχώδης semblable à un ballon.

plus longs que les latéro-postérieurs. Le front est très déclive et sa pointe se ploie entre les yeux pour se joindre à l'épistome. Les yeux sont petits. Les parties inférieures de la carapace, le plastron sternal et les pattes ambulatoires sont couvertes de petits tubercules semblables à ceux de la face dorsale. Une forte saillie existe sur la ligne médiane, entre la base des pattes-mâchoires externes. Une saillie analogue se voit à la base de châcune des pattes antérieures. La région subhépatique est excavée. Les pattes ambulatoires manquent.

Largeur de la carapace 0.0085
Longueur 0.0053
Station No. 101 de 175 à 250 brasses. Phare de Morro.

CYCLODORIPPE (nov. gen.).

Ce genre ainsi que les deux suivants établit un lien entre les Dorippes et les Brachyures anormaux. Il est nettement caractérisé par la forme de la carapace et en particulier de la région faciale. Le bouclier céphalo-thoracique est étroit en avant et en arrière et ses bords latéraux sont régulièrement arrondis, leur maximum de largeur existe vers la partie moyenne. Les yeux sont plus courts que ceux des Dorippes et ils se replient dans des orbites plus complètes et dont le plancher n'est pas échancré. Le cadre buccal, comme chez les Dorippes, se prolonge en un canal qui atteint le niveau du front, mais il est cloisonné presque jusqu'à son extrémité, en dessous par les pattes mâchoires externes dont le mérognathe est fort allongé. Il n'existe pas d'échancrure ptérygostomienne destinée à l'entrée de l'eau dans la chambre branchiale au dessus de l'insertion des pattes antérieures, par ce caractère les *Cyclodorippes* se rapprochent des *Leucosiens*. L'abdomen du mâle est très petit, composé de six segments et reçu dans une profonde échancrure du sternum il ne s'avance pas sur le deuxième article sternal. L'abdomen de la femelle est formé de six pièces, il est large, à bords parallèles ; son dernier segment est très grand et s'avance jusqu'à la base des pattes antérieures. Les pattes ambulatoires sont disposées comme celles des *Dorippes*. Les orifices génitaux de la femelle sont creusés dans l'article basilaire des pattes de la troisième paire.

120. Cyclodorippe nitida (nov. sp.).

La carapace est entièrement lisse, épaisse et non bombée elle est légèrement déprimée transversalement, en arrière du front. Les sillons branchio-cardiaques sont seuls distincts, le front est profondément déprimé et échancré dans sa partie médiane, ses angles latéraux sont au contraire au même niveau que la face dorsale de la carapace et s'avancent comme deux petites dents rostrales. Les antennes sont courtes et se replient sous le front, un tubercule subspiniforme existe de chaque côté, au dessus et en avant de la région branchiale. Les pattes antérieures du mâle sont très grandes, le bras déborde de beaucoup la carapace, il est lisse, l'avant bras porte en dedans une petite dent obtuse. La main est aplatie en dessus et très épaisse ; les doigts sont plus courts que la portion palmaire, ils portent quelques poils sur leur face interne, les pattes ambulatoires de la 2° et de la

3ᵉ paires sont longues, lisses et terminées par un doigt légèrement arqué et styliforme.

Les pinces de la femelle sont courtes.

Largeur de la carapace d'un mâle 0.008
Longueur 0.008

Cette espèce est très commune à une profondeur du 50 à 120 brasses.

Station No. 5. Profond. 152 brasses. Lat. 21° 15′ N., Long. 82° 13′ O.
" No. 6. " 137 " Lat. 21° 17′ 30″ N., Long. 82° 9′ O.
" No. 9. " 111 " Sand Key.
" No. 254. " 164 " Grenade.

121. Cyclodorippe antennaria (nov. sp.).

La carapace est plus ovalaire que celle de l'espèce précédente ; elle est finement granulée surtout latéralement. Le front s'avance beaucoup au delà des angles orbitaires il est arrondi et à peine déprimé sur la ligne médiane ; son bord est très finement serratulé. L'angle postorbitaire est spiniforme ; une petite épine arme en dehors et en avant la région branchiale. La région gastrique porte trois saillies longitudinales, l'une médiane, les autres latérales. La région cardiaque est proéminente. Les antennes internes sont très longues et très grêles, elles ne peuvent se reployer entièrement sous le front. Le plancher de l'orbite est peu avancé. Le mérognathe des pattes-mâchoires externes est plus large et plus arrondi en avant. Les pattes antérieures du mâle sont courtes et granuleuses, le bras ne déborde guère la carapace ; les doigts sont très hauts et égalent en longueur la portion palmaire. Les pattes ambulatoires sont longues et légèrement comprimées dans leur partie terminale. Les pattes des deux dernières paires sont très grêles mais plus allongées que chez le *Cyclodorippe nitida*. La portion médiane de l'abdomen est renflée en une sorte de bourrelet.

Largeur de la carapace d'un mâle 0.0072
Longueur 0.0070

Expéd. du Hassler. Profond. 100 brasses. Barbades.
Station No. 20. Profond. 220 brasses. Lat. 23° 2′ 30″ N., Long. 83° 11′ O.
" No. 21. " 287 " Lat. 23° 2′ N., Long. 83° 13′ O.
" No. 32. " 95 " Lat. 23° 32′ N., Long. 88° 5′ O.
" No. 53. " 242 " Havane.
" No. 54. " 175 " Havane.
" No. 192. " 138 " Dominique.
" No. 210. " 191 " Martinique.
" No. 232. " 88 " St. Vincent.
" No. 291. " 200 " Barbades.

122. Cyclodorippe Agassizii (nov. sp.).

La carapace est plus circulaire que chez le *C. antennaria* et elle est surmontée de quatre saillies coniques ; l'une plus élevée sur la région cardiaque ; une autre sur le lobe mésogastrique et une plus petite sur chacun des lobes protogastriques. Le front est plus étroit à sa base et plus triangulaire. Les autres caractères sont d'ailleurs les mêmes que chez l'espèce précédente.

Largeur de la carapace d'une femelle 0.008
Longueur 0.0075
Station No. 241. Profond. 163 brasses. Cariacou.

CYMONOMUS (nov. gen.).

La carapace est étroite et terminée en avant par un rostre pointu, de chaque côté duquel s'insèrent les pédoncules oculaires grêles, de grosseur uniforme et dépourvus de cornicules. Les antennes internes sont grandes et ne peuvent se reployer sous le front. Les antennes externes prennent naissance au dessous et en dehors des antennules et elles sont notablement plus courtes qu'elles, le tubercule auditif se développe en une saillie spiniforme. Le cadre buccal porte en avant, sur la ligne médiane une large échancrure ; il est entièrement caché par les pattes mâchoires qui s'avancent beaucoup de manière à recouvrir la base des antennes. L'exognathe est très allongé ; le mérognathe est étroit et son extrémité déborde de beaucoup le peu d'insertion du palpe. Les pattes antérieures sont courtes et terminées par des doigts pointus. Les pattes de la 2e et de la 3e paire ressemblent à celles du *Cyclodorippe*, celles de la 4e et 5e paire sont très petites, relevées sur le dos et terminées par un petit ongle crochu, mais elles ne sont pas chiliformes. L'abdomen du mâle est très court. Le dernier article de l'abdomen de la femelle est triangulaire et arrondi à son extrémité. Les œufs sont très gros et en petit nombre. Les orifices génitaux de la femelle s'ouvrent sur l'article basilaire des pattes de la 3e paire.

123. Cymonomus quadratus (nov. sp.).

La carapace a une forme subquadrilatère, les bords latéro-antérieurs étant placés presque sur la même ligne transversale que la région faciale qui est fort étroite, la surface est très peu bosselée et finement granuleuse, le rostre est grêle et pointu les bords latéro-antérieurs sont armés de quelques petites épines les bords latéro-postérieurs sont parallèles et inermes, le bord postérieur est large. Les pattes antérieures sont faibles et granuleuses; leurs doigts sont aussi longs que la portion palmaire. Les pattes ambulatoires sont longues et lisses.

Largeur de la carapace d'une femelle 0.004
Longueur 0.0015

Station	No. 51.	Profond.	243–450 brasses.	Havane.
"	No. 58.	"	212	"	Havane.
"	No. 136.	"	508	"	Santa Cruz.
"	No. 167.	"	175	"	Guadeloupe.
"	No. 188.	"	372	"	Dominique.
"	No. 260.	"	291	"	Grenade.

CYMOPOLUS (nov. gen.).

Ce genre doit prendre place à côté des *Cymonomus ;* il s'en distingue par ses yeux normalement développés, par ses pattes mâchoires dont le mérognathe ne dépasse pas le palpe, par les antennes internes plus petites et susceptibles de se replier sous le front et par ses pattes plus courtes et plus fortes.

124. Cymopolus asper (nov. sp.).

La carapace est épaisse, plus large en avant qu'en arrière et hérissée, ainsi que les pattes, de tubercules élevés et d'épines tronquées. La pointe rostrale est plus large que chez le *Cymonomus quadratus,* elle est un peu déclive et découpée sur les bords. Les pattes antérieures sont égales, assez grandes et très épineuses. Les pattes ambulatoires sont plus courtes et plus fortes que celles de l'espèce précédente ; elles sont entièrement revêtues d'épines, il en est de même des pattes mâchoires externes, du plastron sternal et de l'abdomen.

Largeur de la carapace d'un mâle 0.007
Longueur 0.009
Station No. 158. Profond. 148 brasses. Montserrat.
"Bibb." Profond. 75 et 134 brasses. Sand Key.

CYMOPOLIA (Roux).

Dans ce genre les orifices génitaux de la femelle au lieu d'être placés sur le troisième anneau sternal, existent sur le second près de la suture du premier.

125. Cymopolia obesa (nov. sp.).

La carapace est épaisse, élargie en arrière et bosselée, les bosselures sont arrondies et finement granuleuses. Dans la partie postérieure de la carapace elles sont disposées sur une ligne transversale légèrement arquée on en compte environ quatre sur chacun des lobes métabranchiaux et deux sur le lobe cardiaque antérieur. Ces dernières sont les plus grosses. Le lobe cardiaque postérieur est surmonté d'une protubérance, et le bord postérieur est surmonté de six tubercules. Le front est avancé et divisé en quatre petites dents obtuses, dont les médianes sont les plus longues. L'angle orbitaire interne est arrondi. Le bord sourcilier porte deux dents triangulaires. L'angle postorbitaire est fort saillant, pointu et dirigé en avant. Deux échancrures entament le bord sous-orbitaire ; l'angle sous-orbitaire interne est fort avancé et arrondi à son extrémité. Les bords latéraux sont armés de deux dents écartées l'une de l'autre, la dernière plus saillante que la première. Les pattes antérieures sont très faibles dans les deux sexes. Les pattes ambulatoires sont de grandeur médiocre, celles de la 3e et de la 1e paire sont à peu près de même longueur. La cuisse est rugueuse et porte en dessus à son extrémité une dent en forme de pointe. Les pattes de la 5e paire sont très grêles.

Largeur de la carapace d'un mâle 0.016
Longueur 0.0125

Largeur les pattes étendues 0.038
Largeur de la carapace d'une femelle 0.022
Longueur . . . . - 0.017

Station No. 36 à la profondeur de 84 brasses. Lat. 23° 13′ N., Long. 89°16′ O.

126. Cymopolia dilatata (nov. sp.).

Cette espèce se rapproche beaucoup du *C. obesa,* elle s'en distingue cependant facilement par sa carapace, plus élargie et moins bosselée, les bosselures étant moins étendues et ressemblent plutôt à des tubercules, par le développement du plancher de l'orbite, dont le lobe médian s'avance de manière à déborder le pédoncule oculaire lorsque celui-ci est replié, par la brièveté de l'angle postorbitaire et par l'existence de trois dents latérales peu saillantes au lieu de deux. Enfin le premier segment sternal est fort élargi et porte une crête transversale réunissant la base des pattes de la deuxième paire ; elle est découpée de manière à présenter une saillie en arrière de chacune des pattes mâchoires externes et des pattes antérieures. Les pattes manquaient sur l'exemplaire unique que j'ai pu observer.

Station No. 148. Profond. 208 brasses. St. Kitts.

127. Cymopolia dentata (nov. sp.).

La carapace est plus étroite que celle des deux espèces précédentes, elle est couverte de bosselures et de tubercules granulés. Le front est très avancé et les deux dents médianes sont séparées par une échancrure profonde. L'angle postorbitaire est grand et aigu, le bord latéral est armé de deux dents à peine séparées l'une de l'autre, la première est triangulaire et aplatie, la seconde est plus arrondie à sa base. Le plancher de l'orbite est peu avancé, son lobe médian est tronqué en avant. L'angle sous-orbitaire interne est obtus et très court. Les pattes antérieures du mâle sont inégales et plus grosses que chez les autres Cymopolies américaines. La plus grosse pince est renflée, granuleuse en dessus et les doigts en sont forts et racourcis. Les pattes ambulatoires sont de longueur médiocre, la cuisse est granuleuse, terminée en dessus par un angle spiniforme, la jambe est surmontée d'une crête armée de deux dents plus ou moins marquées, le pied et le doigt sont carénés. L'abdomen du mâle est très allongé et le 7e article s'avance entre la base des pattes mâchoires externes, il se rétrécit notablement à partir du milieu du sixième article.

Largeur de la carapace d'un mâle 0.014
Longueur 0.013

Stimpson, " Bache " à 50 brasses près de Charlotte Harbor.
Station No. 132. Profond. 115 brasses. Santa Cruz.
" No. 272. " 76 " Barbades.
" No. 278. " 69 " Barbades.

128. Cymopolia cristatipes (nov. sp.).

Cette espèce se distingue de la précédente par sa carapace plus élargie, par son front moins profondément découpé, par la disposition du bord postérieur de la carapace surmonté d'une carène transversale à six festons, par la crête fortement dentée qui règne en dessus de la cuisse des pattes de 3ᵉ et de la 4ᵉ paire. Le 4ᵉ article du sternum porte une crête transversale.

Largeur de la carapace d'un mâle 0.011
Longueur 0.009

Station No. 253. Profond. 92 brasses. Grenade.

129. Cymopolia cursor (nov. sp.).

Cette espèce est nettement caractérisée par la très grande longueur des pattes de la 3ᵉ paire qui dépassent beaucoup celles de la 4ᵉ paire et qui mesurent trois fois la largeur de la carapace, celle-ci est fort élargie et ovalaire, le front est peu avancé. Le bord latéral ne porte pas de dents, en avant du sillon post-hépatique les régions branchiales sont pourvues de quelques gros tubercules sur leur bord. Le bord postérieur est surmonté d'une série de granulations. Le plancher de l'orbite est très avancé et son lobe médian est arrondi. L'angle sous-orbitaire interne est très large et très grand. Les pattes antérieures sont très grêles dans les deux sexes. La cuisse des pattes ambulatoires est renflée à sa base et garnie de gros tubercules.

Largeur de la carapace d'une femelle 0.015
Longueur 0.011
Largeur totale les pattes étendues 0.104

Coll. par Stimpson à 128 brasses. Sand Key.

Station No. 55. Profond. 242 brasses. Havane.
" No. 146. " 245 " St. Kitts.
" No. 192. " 138 " Dominique.
" No. 274. " 209 " Barbades.
" No. 291. " 200 " Barbades.

130. Cymopolia gracilipes (nov. sp.).

Cette espèce ressemble beaucoup à la précédente, mais la carapace est plus élargie et il existe une forte dent latérale. Le front est très peu avancé. La cuisse des pattes ambulatoires de la troisième paire est moins granuleuse. L'abdomen du mâle est armé de deux dents sur son troisième article et d'une épine médiane sur son quatrième article.

Largeur de la carapace d'une femelle 0.075
Longueur 0.006
Largeur totale les pattes étendues 0.044

Station No. 36. Profond. 84 brasses. Lat. 23° 13′ N., Long. 89° 16′ W.
" No. 154. " 298 " Montserrat.
" No. 262. " 92 " Grenade.

131. Cymopolia sica (nov. sp.).

Le cinquième article du sternum se prolonge en arrière en formant une arête aiguë qui déborde la carapace et s'étend entre la base des pattes correspondantes et l'abdomen, le deuxième et le troisième articles de cette partie du corps portent une crête mince et transversale qui se voit en arrière de la carapace. Le front est très faiblement découpé. Les bords latéro-antérieurs sont armés de trois tubercules pointus et spiniformes. La surface dorsale est couverte de granulations disposées par petits groupes. Le plancher de l'orbite est très peu avancé et l'angle orbitaire interne est tronqué en avant. Les pattes antérieures sont très faibles dans les deux sexes. Les pattes ambulatoires sont de longueur médiocre, leur cuisse est granuleuse ; les deux derniers articles sont très aplatis et élargis.

Largeur de la carapace d'une femelle 0.012
Longueur 0.009

Coll. par Stimpson.	Profond. 12S brasses.	Sand Key.
" " "	" 80 "	Sand Key.
Station No. 32.	" 95 "	Lat. 23° 32′ N., Long. 88° 5′ O.
" No. 36.	" 84 "	Lat. 23° 13′ N., Long. 89° 16′ O.
" No. 132.	" 115 "	Santa Cruz.
" No. 192.	" 13S "	Dominique.
" No. 253.	" 92 "	Grenade.
" No. 272.	" 76 "	Barbades.
" No. 293.	" 82 "	Barbades.
" No. 292.	" 56 "	Barbades.

132. **Cymopolia acutifrons** (nov. sp.).

Le front est peu avancé et armé, au lieu de dents, de quatre petites épines, deux médianes très rapprochées et deux latérales occupant les angles orbitaires internes. L'échancrure sous-orbitaire interne est remarquable par ses dimensions. Les pattes sont courtes très faibles et leurs articles sont presque cylindriques et dépourvus de granulations ou de crêtes.

Je n'ai jamais vu qu'un seul exemplaire mâle en très mauvais état de cette espèce.

Largeur de la carapace 0 009
Longueur 0.006

Expéd. du Hassler.   Profond. 15 brasses.   Lat. 11° 49′ S., Long. 27° 10′ O.

133. **Ethusa americana** (nov. sp.).

Cette *Ethuse* ressemble beaucoup à l'*Ethusa mascarone* de la méditerranée, et les différences qui les séparent ne sont que de peu d'importance. Les épines frontales sont plus aiguës et plus divergentes, le bord sourcilier est plus échancré et l'épine postorbitaire est plus saillante. Le troisième article de l'abdomen du mâle porte deux renflements arrondis et fort saillants. Les autres caractères sont d'ailleurs les mêmes.

Largeur de la carapace 0.005
Longueur 0.006

♂ Stimpson, " Bache." Floride occidentale. Lat. 26° 16′, par 20 brasses.
♂   "   " Bache." Floride occidentale, par 13 brasses.

FAMILLE DES DROMIENS.

134. Dromia sator (M.-EDWARDS).
Bahia Honda.

135. Dromidia antillensis (STIMPSON).

Coll. par Stimpson. Profond. 20 brasses.   Lat. 26° 16′ N.
Station No. 11.   "   37   "   Lat. 21° 43′ N., Long. 83° 25′ O.
"   No. 12.   "   36   "   Lat. 21° 31′ N., Long. 83° 16′ O.
"   No. 142.   "   27   "   Flannegan l'assage.
"   No. 247.   "   170   "   Grenade.

ACANTHODROMIA (nov. gen.).

Ce genre doit prendre place entre les *Dromia* et les *Dynomene*. La région orbito-frontale, ainsi que les pattes mâchoires sont disposées comme celles des Dromies. Les pattes ambulatoires sont au contraire semblables à celles des Dynomènes, celles de la 5ᵉ paire sont en effet rudimentaires et chéliformes. La carapace est étroite et ovoïde.

136. Acanthodromia erinacea (nov. sp.).

Le corps et les pattes sont partout hérissés d'épines nombreuses, assez grandes et très rapprochées ; des épines plus petites existent dans l'intervalle. Le front est en forme de bec, très avancé et terminé par une épine médiane. Les orbites sont disposées très obliquement. L'article basilaire des antennes externes est épineux et ferme l'orbite en dessous. L'article basilaire des antennes internes est armé de petites épines. La pointe épistomienne se joint au front. Les pattes antérieures sont terminées en cuiller et denticulées sur leurs bords. L'abdomen de la femelle même chargé d'œufs, est peu élargi, il est très épais épineux. Les pièces latérales du sixième article sont très petites.

Largeur de la carapace (sans les épines). . . . 0.015
Largeur avec les épines 0.018
Longueur de la carapace 0.018

Station No. 166. Profond. 150 brasses. Guadeloupe.
"   No. 232.   "   88   "   St. Vincent   Fragment de carapace.

DICRANODROMIA (nov. gen.).

La campace est étroite, ovoïde, allongée, à peine poilue. L'endostome est garni de chaque côté d'un forte crête. La pointe épistomienne se joint au front. La région faciale occupe presque toute la largeur de la carapace. Les sillons du plastron sternal de la femelle sont à peine marqués et ne dépassent pas le niveau des pattes de la 3ᵉ paire. Les pattes sont grêles et très longues. Ce genre diffère des *Dromia* (Stimp.), des *Cryptodromia* (Stimp.) et des *Dromidia* (Stimp.) par le peu de largeur de la carapace. Par la longueur des pattes et par la disposition des sillons sternaux de la femelle, il se distingue des *Pseudodromia* (Stimp.) ; par son épistome joint au front et par les pattes de la 2ᵉ paire plus longues que celles de la 5ᵉ, enfin il ne peut-être confondu avec le genre *Petalomera* (Stimp.) dont les épimères sont membraneux.

137. Dicranodromia ovata (nov. sp.).

La carapace est plus convexe transversalement que d'avant en arrrière les bords latéraux en sont presque parallèles ; ils divergent légèrement en arrière, la carapace étant plus élargie dans sa partie postérieure que dans sa partie antérieure. Le front est formé de deux grandes dents triangulaires entre lesquelles se voit une petite pointe médiane. Le bord orbitaire supérieur est interrompu en dehors par une fissure linéaire étroite. Une large échancrure existe en dehors de l'orbite. L'angle sous-orbitaire est arrondi et lobiforme. Quelques très petites épines arment le lobe orbitaire externe et la partie antérieure des bords latéraux. Les pattes antérieures sont lisses et revêtues d'un court duvet.

Largeur de la carapace d'une femelle de grande
taille 0.023
Longueur 0.025
Longueur les pattes étendues 0.096

Coll. par Sigsbee.   Profond. 175 brasses.   Havane.
Station No. 295.   "   180   "   Barbades.
"   No. 166.   "   150   "   Guadeloupe.
"   No. 5.   "   152–229   "   Lat. 24° 15′ N., Long. 82° 13′ O.

FAMILLE DES HOMOLIENS.

HOMOLODROMIA (nov. gen.).

La carapace est étroite, plus large en arrière qu'en avant. Les antennes internes ne peuvent pas se replier dans des fossettes sous frontales. Les antennes externes sont très mobiles et insérées au dessous du pédoncule oculaire ; elles sont beaucoup plus longues que la carapace. Les yeux sont très petits et n'ont pas de cavité orbitaire spéciale. Le cadre buccal est quadrilatère ; l'épistome est bien distinct. Les dents de l'extrémité des pinces sont aiguës et s'engrènent. Les pattes de la 2ᵉ et de la 3ᵉ paire sont grêles et très longues, celles de la 4ᵉ et de la 5ᵉ paire sont relevées sur le dos, petites et chéliformes. L'abdomen du mâle se compose de 7 articles, qui ne sont en contact que dans leur portion médiane, leur partie latérale est plus étroite et libre.

Ce genre doit prendre place entre les Homoles et les Dromies. Par la disposition des pattes postérieures il ressemble aux Dorippes.

138. Homolodromia paradoxa (nov. sp.).

La carapace est épaisse, très bombée transversalement et revêtue d'un duvet clair-semé qui ne cache pas le test; sa surface est lisse un petit bourrelet à convexité postérieure la traverse dans la région branchio-cardiaque. Le front est armé de deux cornes rostrales fortes et triangulaires, qui s'avancent jusqu'au niveau de l'extrémité du 2ᵉ article des antennes externes; une grande épine postorbitaire se dirige en dehors et un peu en avant. Les bords latéraux sont inermes et presque parallèles. Les régions latéro-inférieures sont inermes. Les pattes antérieures du mâle sont faibles, égales entre elles, couvertes de poils clairsemés mais lisses, le doigt immobile se termine par une espèce de fourche dans laquelle est reçue la pointe terminale du doigt mobile. Les pattes de la 2ᵉ et de la 3ᵉ paire sont lisses, cylindriques; leur dernier article est très long, et fortement courbé; leur cuisse porte en dessus et à son extrémité une petite épine. La pince des pattes de la 4ᵉ et de la 5ᵉ paire est formée par un petit doigt très crochu s'opposant à une dilatation de l'article précédent, garnie de plusieurs épines.

Largeur de la carapace	0.013
Longueur	0.019
Largeur totale les pattes étendues	0.115

♂ Station No. 151. Profond. 356 brasses. Nevis.

139. Homola vigil (nov. sp.).

Cette espèce se rapproche de l'*Homola spinifrons*, mais la carapace est plus élargie et plus courte. La pointe rostrale n'est pas bifurquée à son extrémité et les épines de la partie antérieure du corps sont plus faibles. Les yeux sont plus gros dans leur portion terminale. Les pinces du mâle sont plus courtes, tandis que les pattes ambulatoires sont beaucoup plus longues. La cuisse est armée en dessus d'une rangée d'épines aiguës. Le pénultième article des pattes de la dernière paire est plus allongé que chez l'espèce de la méditerranée.

Largeur de la carapace d'un mâle	0.018
Longueur	0.021
Largeur les pattes étendues	0.166

♂ Station No. 193.   Profond. 169 brasses.   Martinique.
♀   "   No. 100.   "   250 à 400   "   Morro-Light.
   "   No. 171.   "   183   "   Guadeloupe.

140. Homola spinifrons (LAMARCK).

Je ne puis trouver aucune différence spécifique entre une Homole draguée au Phare de Morro à 200 brasses de profondeur et l'*Homola spinifrons* de la méditerranée. Un autre exemplaire provenant des Barbades et pêché à 100 brasses de fond par l'expédition du Hassler, présente les mêmes caractères.

HOMOLOPSIS (nov. gen.).

Ce genre diffère des *Homola* par la forme plus arrondie et plus ovoïde de la carapace, par le grand développement du rostre, par la forme des yeux, qui sont très petits et ne se rétrécissent pas à leur base et par la faiblesse des pattes.

141. Homolopsis rostratus (nov. sp.).

La carapace est fort rétrécie en avant et se termine par un rostre aigu, dirigé en avant et en bas et surmonté latéralement de deux fortes épines ; sa pointe s'avance jusqu'à l'origine du filament des antennes externes. A la base du rostre, existent deux grandes épines sous-orbitaires dirigées en haut et en dehors. Une très longue épine, ayant la même direction que la précédente, arme la région hépatique. Le lobe branchial porte une très petite épine, ainsi que le lobe mérogastrique. Deux épines existent sur la région subhépatique. Les pattes sont très grêles, inermes et presque cylindriques.

Largeur de la carapace d'une femelle mesurée sous les
épines 0.007
Largeur au niveau des épines latérales 0.012
Longueur de la carapace 0.070

♀ Station No. 124.   Profond. 580 brasses entre St. Thomas et Santa Cruz.

FAMILLE DES RANINIENS.

142. Raninoides nitidus (nov. sp.).

Cette espèce se distingue du *R. lævis* par sa carapace plus rétrécie en avant et par l'existence de deux épines en arrière de l'angle postorbitaire. La pointe rostrale est triangulaire et étroite. L'épine postorbitaire est longue, grêle et très légèrement divergente. Les bords latéraux, au lieu d'être droits, sont un peu arqués et garnis en avant de deux épines, la première très courte, la seconde beaucoup plus longue. La première est plus courte et plus large que chez le *R. lævis* et les pattes ambulatoires sont disposées comme celles de cette dernière espèce. Le plastron sternal ne devient linéaire qu'entre la base des pattes de la 3e paire.

Largeur de la carapace 0.015
Longueur 0.006

Station No. 259.   Draguée à la Grenade à la profondeur de 159 brasses.

RANINOPS (nov. gen.).

Ce genre par sa forme générale se rapproche des *Notopus*, mais il en diffère par la longueur plus grande des pédoncules oculaires qui se replient en arrière, et en dehors, occupant presque toute la largeur de la carapace et se logeant dans des rainures orbitaires creusées au dessous du bouclier cephalo-thoracique. Le plastron sternal devient linéaire entre la base des pattes de la seconde paire.

143. **Raninops constrictus** (nov. sp.).

La carapace est très resserrée et en forme de toit, surtout dans la partie antérieure; sa surface est finement ponctuée, mais dépourvue de lignes transversales saillantes et de granulations. Le rostre est étroit et pointu et le pédoncule oculaire s'insère à sa base, le bord orbitaire supérieur est très oblique et garni en dessous de poils; il est divisé en trois dents avancées; la dent interne est la plus grande les deux autres sont à peu près de même taille. Une épine latérale et dirigée en avant, existe à une petite distance de l'orbite, la longueur du pédoncule oculaire est environ égale aux deux tiers de la largeur de la carapace. Les pinces sont inermes en dessus. L'avant bras est pourvu d'une épine. Le bras est armé en dedans et en avant d'une petite épine.

Largeur de la carapace 0.008
Longueur 0.012

Dragué par W. Stimpson près de Sombréro à 47 brasses de profondeur.

144. **Raninops Stimpsoni** (nov. sp.).

La carapace est plus inclinée en dessus et moins inclinée en forme de toit que celle de l'espèce précédente. Le rostre est plus court et les dents du bord sourcilier sont plus pointues. Le bord supérieur de la main, au lieu d'être inerme, est surmonté d'une épine. La palette qui termine les pattes de la quatrième paire est plus large, plus arrondie et moins contournée que chez le *Raninops constrictus*.

Largeur de la carapace 0.008
Longueur 0.010

Cette espèce a été trouvée par W. Stimpson sur les récifs de la Floride occidentale.

FAMILLE DES PORCELLANIENS.

145. **Porcellana Stimpsoni** (nov. sp.).

Cette espèce doit prendre place à côté de la *Porcellana ocellata* de Gibbes; mais elle s'en distingue par sa carapace plus large, par son front moins avancé dont la pointe médiane est arrondie, lobiforme et ne dépasse pas les angles orbitaires internes et par ses pattes antérieures entièrement glabres, au lieu d'être garnies de poils le long de leur bord inférieur.

Largeur de la carapace 0.013
Longueur 0.013

Cette espèce provient du sud de la Floride, de Woman Key. Coll. par Stimpson.

146. **Porcellana Sigsbeiana** (nov. sp.).

La carapace est plus étroite et plus allongée que celle de la *P. ocellata*; le front est fortement tridenté et la dent médiane, triangulaire et pointue, dépasse les dents latérales qui sont plus étroites. Le bord latéral présente dans la région hépatique une échancrure en arrière de laquelle se voit une petite dent très aiguë dirigée en avant et indiquant la terminaison du sillon ou se replie l'antenne externe au dessous de la carapace. Les pattes antérieures sont plus longues que celles du *P. ocellata*, et l'avant bras, au lieu d'être pourvu en avant d'un lobe dentiforme, est armé d'une très petite dent spiniforme. Les pinces sont moins élevées et les doigts sont plus courts relativement à la région palmaire ; une fine bordure de poils se trouve au dessous de la main. L'angle antéro-interne du bras est aigu et denticulé et non arrondi comme chez le *P. ocellata*.

Largeur de la carapace d'une femelle 0.007

Longueur 0.008

Station No. 49. 118 brasses. Lat. 28° 51′ 30″ N., Long. 89° 1′ 30″ O.

" No. 36. 84 brasses par 23° 13′ de lat. N. et 89° 16′ de long. O.

" No. 142. 27 brasses. Flannegau Passage.

147. Pachycheles Ackleianus (nov. sp.).

La carapace est large, presque plate transversalement et bombée d'avant en arrière ; un sillon situé en arrière des régions hépatiques et de la région gastrique s'étend d'un bord à l'autre. Quelques bosselures existent dans la partie antérieure de la carapace ; le front est très déclive. Vu en dessus il paraît droit, mais vu en avant il présente une petite pointe médiane en forme de bec. Les pattes antérieures sont très longues, très renflées, glabres et inégales. Le bras déborde notablement la carapace ; il est revêtu dans sa partie libre de granulations aplaties. L'avant bras est aussi long que la main ; il est armé en avant de trois tubercules ou dents spiniformes et il est couvert en dehors de grosses granulations inégales, surbaissées, luisantes et disposées sans régularité. La main est petite, rétrécie dans sa portion articulaire, dentelée par son bord inférieur et ornée de granulations semblables à celles de l'avant bras, mais ayant une tendance à se grouper suivant des séries longitudinales. Les doigts sont courts, granuleux en dehors et en contact dans toute leur longueur. Les pattes ambulatoires sont fortes, un peu granuleuses ou rugueuses, et elles ne portent que quelques poils très rares.

Largeur de la carapace d'une femelle 0.007

Longueur 0.0055

Station No. 11. 37 brasses par 24° 43′ de lat. N. et 83° 25′ long. O.

" No. 39. 14 brasses. Jolbos Islands.

148. Pachycheles rugimanus (nov. sp).

Cette espèce se distingue de la précédente par ses moindres dimensions, par sa carapace moins bombée d'avant en arrière, plus étroite, plus avancée dans sa portion antérieure par la disposition de ses bords latéraux, nettement marginés, par son front peu déclive, par ses pattes antérieures subégales, plus courtes et couvertes de tubercules très élevées en forme de boutons aplatis, disposés en séries longitudinales doubles, séparées par des sillons profonds, par ses pattes ambulatoires plus velues et par l'existence d'une petite épine sur le 2ᵉ et le 3ᵉ article de l'antenne externe.

Largeur de la carapace 0.0045
Longueur 0.0046
Contoy de 12 à 18 brasses recueilli par Stimpson. Floride, O.   13 brasses.
" Bache."

FAMILLE DES PAGURIENS.

XYLOPAGURUS (nov. gen.).

La carapace est étroite et limitée par des bords latéraux parallèles ; elle se termine en avant par une petite pointe rostrale ; elle est coriace en dessus et membraneuse latéralement. L'anneau ophthalmique est représenté par deux petites écailles séparées sur la ligne médiane. Les yeux sont peu allongés, les antennes sont courtes, les antennules sont grosses et raccourcies. L'abdomen n'est pas contourné et il se termine par une armature spéciale en forme de bouclier et parfaitement symétrique, formée par le penultième anneau qui est très développé, largement ovalaire et termine l'abdomen en biseau. Les appendices latéraux s'insèrent au dessous et sont symétriques, ils se replient dans une dépression creusée au dessous de l'article qui les porte et ils n'apparaissent que quand on les écarte. Le dernier anneau de l'abdomen est très petit et rejeté au dessous et en avant du précédent. Le mâle porte deux paires de fausses pattes très grêles. La femelle est pourvue de trois fausses pattes ovifères situées du côté gauche. Les pinces sont inégales et dissemblables ; la droite est la plus forte et terminée par des doigts aigus. Les pattes ambulatoires de la 2ᵉ et de la 3ᵉ paire sont longues et grêles, celles de la 4ᵉ paire ne sont pas chéliformes. Les pattes mâchoires externes sont petites et rapprochées à leur base.

140. **Xylopagurus rectus** (nov. sp.).

Les pinces dépassent à peine l'extrémité des pattes ambulatoires, l'articulation de la grosse main est transversale de façon que le pouce est en dedans et s'ouvre latéralement et non verticalement. Une épine forte mais peu allongée surmonte sa base. La portion palmaire est renflée et ornée en dehors de granulations et de quelques poils, les doigts sont également granuleux et poilus. L'avant bras et le bras sont rugueux et velus. La petite pince est très grêle et atteint à peine l'articulation de la précédente. Les pattes de la 2ᵉ et de la 3ᵉ paire sont comprimées latéralement terminées par des doigts styliformes et elles portent quelques poils. Le bouclier abdominal est entouré d'un rebord granuleux il est légèrement excavé et porte sur la ligne médiane un sillon dont les bords s'écartent inférieurement de manière à limiter un espace triangulaire. Un sillon transversal coupe, le premier à angle droit et le divise en deux parties à peu près égales, sa surface est granuleuse.

Longueur totale du corps d'une femelle 0.026
Longueur totale les pattes étendues 0.040

Cette espèce n'a encore été trouvée que dans des trous creusés dans des morceaux de bois, tantôt elle se loge dans la cavité intérieure d'un roseau ou d'un jonc, tantôt dans celle d'une branche quelconque. Cette cavité est toujours ouverte aux deux bouts. Les pinces se présentent à l'une des extrémités, le bouclier abdominal ferme complètement l'autre orifice. L'animal ne s'y introduit pas à reculons comme le font les Pagures ordinaires, mais il y pénètre directement.

Station No. 192 à 138 brasses de profondeur près de la Dominique.
"   No. 223 à 146 brasses. St. Vincent.

PYLOCHELES (nov. gen.).

Ce genre se place à côté des *Pomatocheles* décrits récemment par M. Miers et de même que ces crustacés il établit le passage entre les Paguriens et les Thalassiniens. Il diffère des *Pomatocheles* par l'absence d'une pointe rostrale, par la forme de la carapace rétrécie en avant et élargie en arrière, par la disposition des antennes. Le 2ᵉ article de l'antenne externe porte au dessus une forte épine dentelée au dessous de laquelle s'insère une épine plus longue qu'elle et dentelée elle même à son extrémité ; au dessous s'insère le 3ᵉ article antennaire. L'anneau ophthalmique est incomplètement caché par le bord frontal. Les anneaux de l'abdomen sont courts et larges, le dernier est formé de 3 pièces, l'une basilaire sur laquelle s'articulent deux pièces séparées sur la ligne médiane et le penultième anneau porte des appendices moins lancéolés et revêtus en dehors d'aspérités qui les transforment en une sorte de lime ou de râpe.

150. Pylocheles Agassizii (nov. sp.).

La carapace est complètement coriace en dessus; la région gastrique est limitée antérieurement par un sillon arqué en avant et garni de poils. Ce sillon se prolonge en arrière de chaque côté du lobe méso-gastrique. Le sillon qui sépare la région gastrique de la région cardiaque est profond et se continue latéralement jusqu'aux bords latéraux de la carapace il est garni de petits poils. Les yeux sont élargis et aplatis dans leur portion terminale correspondant à la cornée. Les antennules sont longues et renflées à leur base. Les anneaux de l'abdomen sont revêtus de petits poils courts flexibles et peu serrés; ils se terminent latéralement en forme de lobe arrondi. Les pattes antérieures sont égales et semblables. La main est renflée, elle se plie à angle droit sur l'avant bras et elle est articulée de façon à ce que son bord supérieur soit tourné en dedans et puisse s'appliquer exactement contre le bord correspondant de l'autre main, les deux pinces ainsi rapprochées constituent alors une lame continue qui sert à clore hermétiquement la cavité ou s'enferme le *Pylocheles*. La face externe de la pince et ses bords sont revêtus de poils et de fines granulations qui sur le pourtour deviennent pointues ; les doigts sont très élargis et aplatis, le pouce s'ouvre horizontalement. Le bord antérieur de l'avant bras se prolonge comme une sorte de mur denticulé, au dessus de la main et ce rebord complète en dessus l'opercule chéliforme du *Pylocheles*. Les pattes de la 2ᵉ et de la 3ᵉ paire sont comprimées, lisses et velues, celle de la 4ᵉ et de la 5ᵉ paire ne sont pas chéliformes, elles ressemblent à celles des *Pomatocheles*, mais elles sont moins élargies.

Longueur totale du corps d'un mâle 0.034
Longueur totale les pinces étendues 0.053
Largeur de la carapace en arrière 0.012

Station No. 291.   Profond. 200 brasses.   Bardades.

Ce crustacé vivait dans une cavité creusée au milieu d'un fragment pierreux formé de sable agglutiné, il remplissait entièrement cette cavité et la fermait au moyen de ses pinces.

MIXTOPAGURUS (nov. gen.).

Ce genre établit un passage entre les *Pagurus* proprement dits et les *Pylocheles*. La carapace est celle d'un Pagure, la région gastrique est dure et crustacée et les régions branchiales sont membraneuses. L'abdomen est courbé et plus développé du côté droit que du côté gauche, il est divisé en sept articles bien distincts articulés et mobiles, les téguments des cinq premiers sont incomplètement calcifiés; le sixième est grand et très dur, le dernier à la forme d'une lame flexible, les appendices du pénultième article sont grands et symétriques.

151. Mixtopagurus paradoxus (nov. sp.).

La carapace porte quelques bouquets de poils flexibles et assez longs, disposés surtout le long des bords et des sutures. La pointe rostrale est très courte, laissant à découvert l'anneau ophthalmique. Les yeux sont aussi longs que les deux premiers articles des antennes internes; l'épine sus-antennaire porte quelques poils et quelques spinules; la tigelle mobile est courte. Les pattes antérieures sont petites, épaisses et égales. La main est très renflée et couverte, ainsi que le pouce, d'épines courtes et coniques entre lesquelles s'implantent des poils, fins, assez longs et jaunâtres. L'extrémité des doigts est brune et cornée. L'avant bras porte des épines semblables à celles de la main. Les pattes de la 2ᵉ et de la 3ᵉ paire sont très velues, pourvues de doigts courts et elles sont armées de quelques courtes épines sur leur bord supérieur. Les pattes de la 4ᵉ paire sont monodactyles. De longs poils soyeux garnissent les derniers articles de l'abdomen.

Longueur de la carapace 0.010
Largeur 0.017
Longueur de la pince 0.013
Longueur des pattes de la 3ᵉ paire 0.020

Station No. 291.   Profond. 200 brasses.   Barbades.

152. **Aniculus Petersii** (nov. sp.).

Cette belle et grande espèce se reconnait facilement à la disposition de ses pinces légèrement inégales. La gauche étant la plus forte et couverte en dehors de sillons transversaux ou obliques bordés chacun d'une rangée de poils courts et égaux et surmontés d'une ligne de granulations régulières. Ces granulations deviennent spiniformes sur la partie supérieure de la main ; les doigts sont très massifs, élargis à leur base et terminés par une extrémité cornée et noire, ils offrent le même mode d'ornementation que la main ; le pouce porte en dessus près de son articulation une profonde dépression longitudinale. L'avant bras est garni de sillons pilifères et de petites épines. Les pattes de la 2° et de la 3° paire sont fortes ; elles dépassent les pinces. De nombreux sillons transversaux et pilifères surmontés d'une série de granulations existent sur le pied et la jambe. Le doigt porte en dessus plusieurs rangées longitudinales de gros tubercules, séparés par des surfaces poilues ; celui de la 3° paire des pattes est plus large plus tranchant en dessous et on y remarque du côté externe de nombreux sillons pilifères disposés obliquement.

Longueur de la carapace	0.043
Largeur	0.033
Longueur de la patte antérieur gauche	0.078
Longueur de la pince gauche	0.039

Station No. 36. Profond. 84 brasses. Lat. 23° 13′ N., Long. 89° 16′ O.
"   No. 296. "   84 "   Barbades.

153. **Eupagurus macrocheles** (nov. sp.).

La carapace est courte et très élargie en arrière. La région gastrique est dure. Les parties latérales et postérieure sont membraneuses. Le front est armé d'une épine médiane bien développée, une très petite écaille spiniforme existe à la base de chacun des pédoncules oculaires. Les yeux sont courts renflés à leur extrémité et s'avancent à peu près au niveau du 3° article de l'antenne externe. L'épine sus-antennaire est très longue et très grêle. La pince droite est très grande et ressemble à celle de certaines Galathées. Le bras et l'avant bras sont presque de même longueur. Le bras porte sur son bord inférieur une série de petites épines regulières. L'avant bras et la main sont ornés de granulations qui deviennent spiniformes sur les bords des articles, les doigts de la pince sont plus courts que la portion palmaire ils sont cependant fort allongés, comprimés, et armés chacun, sur leur bord préhensile d'une dent ; la dent inférieure située en arrière de la dent supérieure, quelques poils blonds, soyeux et courts, s'implantent sur les bords et à côté des granulations des pinces. La pince la plus faible ressemble beaucoup à la précédente, son extrémité atteint l'articulation du pouce de la pince droite. Les pattes de la 2° et de la 3° paire sont lisses, très comprimées et garnies de quelques poils sur leurs bords seulement. Les pattes de la 3° paire sont allongées et terminées par un doigt styliforme. L'abdomen de la femelle est court, très contourné, et pourvu de fausses pattes fort longues. L'article basilaire des fausses pattes du pénultième article de l'abdomen porte en dessous une épine.

Longueur de la carapace 0.043
Largeur en arrière 0.015
Longueur de la patte antérieure droite 0.056
Longueur de la pince droite 0.026
Longueur du pouce droit 0.010
Longueur de la patte antérieure gauche 0.042

Station No. 54. Profond. 175 brasses près de la Havane.

154. Eupagurus discoidalis (nov. sp.).

Cette espèce vit dans les tubes des Dentales, aussi son abdomen au lieu d'être contourné est il droit et pourvu à son extrémité de fausses pattes symétriques. La pince droite est très développée et en forme d'opercule de manière à clore plus ou moins exactement l'ouverture du Dentale. La main se plie à angle droit sur l'avant bras et ne peut s'étendre complètement. Sa face externe est lisse et constitue avec le doigt une sorte de pièce operculaire d'une forme ovalaire, raccourcie et presque discordiale, aplatie ou même légèrement excavée et entourée d'un rebord saillant. Les doigts sont très élargis, comprimés et leur contour continue exactement celui de la portion palmaire de la pince. L'avant bras est très court et orné de granulations disposées suivant des lignes squammeuses irrégulières ; la même ornementation existe sur la partie de la main située en arrière du rebord limitant la portion operculiforme. La petite pince est très faible et n'offre rien de particulier à noter. Les pattes ambulatoires sont comprimées latéralement et terminées par des doigts à ongle trés développé.

Chez les exemplaires conservés dans l'alcool les pinces sont rougés et les doigts blaucs en tout ou en partie, ainsi que les pédoncules oculaires et les antennes.

Longueur totale du corps d'un mâle 0.031

Station No. 36. Profond. 84 brasses. Lat. 23° 13′ N., Long. 89° 16′ O.
" No. 136. " 508 " Santa Cruz.
" No. 157. " 120 " Montserrat.
" No. 167. " 175 " Guadeloupe.
" No. 220. " 116 " Ste. Lucie.
" No. 223. " 146 " St. Vincent.
" No. 273. " 103 " Barbades.
" No. 290. " 73 " Barbades.
" No. 291. " 200 " Barbades.
" No. 300. " 82 " Barbades.

155. Eupagurus Bartletti (nov. sp.).

Cette espèce est voisine de l'*Eupagurus pollicaris* (Say.) mais elle se distingue par ses pédoncules oculaires plus courts que l'épine sus-antennaire et par la forme de sa pince, celle-ci reste toujours pliée sur l'avant bras et ne peut s'étendre complètement elle est bordée en dessous par une série de larges crenelures denticulées, qui garnissent aussi le bord supérieur du pouce ; ce dernier article ne présente pas la saillie en forme de bosse que l'on remarque chez l'*Eupagurus pollicaris*.

Longueur de la carapace	0.013
Largeur	0.010
Longueur de la pince	0.028
Longueur des pattes de la 3ᵉ paire	0.032

Station No. 223. Profond. 146 brasses. St. Vincent.
" No. 259. " 159 " Grenade.
" No. 274. " 209 " Barbades.
" No. 291. " 200 " Barbades.

156. Eupagurus erosus (nov. sp.).

Chez cette espèce les pédoncules oculaires sont beaucoup plus longs que chez l'*E. pollicaris* et l'*E. Bartletti ;* ils dépassent de plus d'un tiers l'épine sus-antennaire. La pince droite est courte, très arrondie et couverte de tubercules framboisés en forme de champignons et très rapprochés les uns des autres. Sur les bords ces tubercules sont pointus et forment une frange de courtes épines coniques. Sur la petite pince les épines du bord inférieur sont beaucoup plus fortes. Les pattes ambulatoires sont inermes.

Longueur de la carapace	0.007
Largeur	0.004
Longueur de la pince	0.012
Longueur des pattes de la 3ᵉ paire	0.014

Station No. 202. Profond. 210 brasses. Martinique.
" No. 273. " 103 " Barbades.
" No. 290. " 73 " Barbades.
" No. 296. " 84 " Barbades.
" No. 300. " 82 " Barbades.

157. Eupagurus gibbosimanus (nov. sp.).

Cette très petite espèce doit se placer dans la même section que les *Eupagurus erosus* et *Bartletti*, mais il est facile de l'en distinguer par les caractères des pinces. La grosse main est couverte de granulations confluentes et très peu élevées et elle porte sur sa face externe deux gros bourrelets longitudinaux formant de fortes saillies, l'une au niveau du pouce, l'autre au niveau de l'index. Les yeux sont de la longueur de l'épine sus-antennaire et s'amincissent vers leur extrémité. Les œufs sont remarquablement gros.

Longueur totale d'une femelle chargée d'œufs . . 0.015

Station No. 206. Profond. 170 brasses. Martinique.
" No. 233. " 174 " St. Vincent.

158. Eupagurus Jacobii (nov. sp.).

Le corps est petit comparativement aux pattes. La partie antérieure de la carapace est crustacée et terminée par une très petite pointe rostrale ; la région cardiaque est très petite et crustacée. Les pédoncules oculaires sont courts et dépassés de beaucoup par l'épine sus-antennaire; les pinces sont très inégales la droite est de beaucoup la plus grande; elle porte six poils très courts et très délicats, elle est couverte de granulations très fines, mais elle est inerme en dessus. Les doigts sont aigus et leurs bords sont tranchants et en contact dans toute leur longueur. Les pattes ambulatoires de la 2ᵉ et de la 3ᵉ paire sont très longues, comprimées, lisses et luisantes, celles de la 3ᵉ paire dépassent les autres. Le doigt est surtout remarquable par sa forme grêle et allongée et il a plus d'une fois et demie la longueur de la carapace.

> Longueur de la carapace 0.012
> Largeur 0.007
> Longueur de la pince droite 0.028
> Longueur de la 3ᵉ paire 0.050

Station No. 163.   Profond. 769 brasses.   Guadeloupe.
"   No. 221.   "   423   "   Ste. Lucie.
"   No. 205.   "   334   "   Martinique.

159. Eupagurus pilimanus (nov. sp.).

La carapace est étroite à pointe rostrale peu saillante les yeux sont gros, renflés à leur extrémité et atteignent l'extrémité de l'épine sus-antennaire. Les pinces sont inégales; la droite est la plus forte; la main est courte et presqu'aussi large que longue; elle est entièrement revêtue de poils serrés et elle présente, en dessus et en dessous, une bordure de petites épines; l'avant bras est poilu et spinuleux. Les pattes ambulatoires sont courtes, fortes, à doigts très arqués et elles ne portent que quelques poils en dessus.

> Longueur de la carapace 0.015
> Largeur 0.008
> Longueur de la pince 0.030
> Longueur des pattes de la 3ᵉ paire 0.037

Station No. 148.   Profond. 208 brasses.   St. Kitts.
"   No. 281.   "   288   "   Barbades.
"   No. 167.   "   175   "   Guadeloupe.

160. Eupagurus bicristatus (nov. sp.).

La pince droite de cette espèce est tout à fait caractéristique, elle est courte, haute et bordée en haut par deux crêtes granuleuses parallèles; l'une interne plus élevée, l'autre plus externe et prenant son origine au niveau du tubercule articulaire du pouce. Le bord supérieur du pouce est tranchant, finement denticulé et très arqué, le bord inférieur de la main est mince et finement serratulé. Les pattes ambulatoires sont inermes et très arquées.

> Longueur de la carapace 0.018
> Longueur de la pince 0.010

Station No. 136.   Profond. 508 brasses.   Frederickstadt.
"   No. 218.   "   164   "   Ste. Lucie.

161. Paguristes sericeus (nov. sp.).

La carapace est aplatie et élargie, les bords latéraux de la région hépatique sont presque parallèles et spinuleux, les régions branchiales sont fort larges et leurs bords latéraux sont arqués. Le bord antérieur de la carapace est presque droit. Le rostre est bien marqué les yeux sont grands et dépassent les deux premiers articles des antennes internes. Les écailles ophthalmiques sont petites et simples. L'épine sus-antennaire est spinuleuse. Les pinces sont courtes et sub-égales; elles sont revêtues de poils doux, jaunes et soyeux, tandis que chez le *Paguristes depressus* elles sont nues, des granulations couvrent leur face externe, des tubercules pointus garnissent leur bord supérieur. L'extrémité des doigts est formée par une petite épine noire. Les pattes ambulatoires sont rugueuses et revêtues en dessus, surtout sur les articles terminaux, de poils semblables à ceux des pinces. Le doigt porte en dedans une cannelure longitudinale. Le plastron sternal est très élargi entre la base des pattes de la 2e de la 3e et de la 4e paire.

```
·Longueur de la carapace  . . . . . . . . .  0.031
Largeur au niveau des régions branchiales . . .  0.028
Longueur des pinces . . . . . . . . . .  0.047
Longueur de pattes de la 3e paire . . . . . .  0.077
```

Station No. 142.   Profond. 27 brasses.   Flannegan passage.
"   No. 12.   "   36   "   Lat. 24° 34' N., Long. 83° 16' O.

162. Paguristes spinipes (nov. sp.).

Cette espèce diffère de la précédente par sa carapace beaucoup plus étroite, par ses pédoncules oculaires plus grêles, par ses pinces couvertes de petites épines coniques, dans l'intervalle des quelles s'insèrent quelques poils et par ses pattes ambulatoires dont le bord supérieur est armé d'une rangée d'épines. L'ovisac de la femelle est très grand.

```
Longueur de la carapace  . . . . . . . . .  0.012
Largeur . . . . . . . . . . . . .  0.008
```

Station No. 253.   Profond. 92 brasses.   Grenade.

163. Spiropagurus iris (nov. sp.).

La carapace est lisse et nue. La pointe rostrale est arrondie et peu avancée, l'anneau ophthalmique est à découvert. Les yeux sont gros et renflés à leur extrémité, ils n'atteignent pas le niveau de la pointe de l'épine sus-antennaire. Les pattes antérieures sont égales, terminées par des doigts pointus; elles sont couvertes de petites épines qui forment en dessous une bordure régulière; des poils fins et soyeux s'implantent dans les intervalles des épines et le test présente des reflets irisés très remarquables. Les pattes ambulatoires sont fortes; la cuisse de celles de la 2e paire porte en dessous quelques épines; les doigts sont grêles. L'appendice génital situé à la base des pattes de la 5e paire du côté gauche est grand et enroulé sur lui même.

Longueur de la carapace 0.010
Largeur 0.008
Longueur des pinces 0.020
Longueur des pattes de la 3ᵉ paire 0.025

Station No. 293.   Profond. 82 brasses.   Barbades.
"   No. 290.   "   73   "   Barbades.
"   No. 299.   "   140   "   Barbades.

OSTRACONOTUS (nov. gen.).

Ce genre se place parmi les Pagurides dont il se distingue par sa carapace entièrement coriace, par son abdomen rudimentaire et par la disposition de ses pattes. Le bouclier céphalo-thoracique par sa forme générale ressemble à celui de certains Galathéides, il est court, ses bords latéraux sont légèrement arrondis et il est large en arrière. Les yeux sont bien développés. Les antennes externes ressemblent à celles des Pagures, elles sont pourvues d'une épine implantée sur leur 2ᵉ article. Les antennes internes sont longues. Les pattes antérieures sont inégales, la droite est plus grosse, elles se terminent par des doigts aigus. Les pattes de la seconde paire sont beaucoup plus courtes que celles de la troisième, elles se terminent par un doigt élargi en palette très comprimée, pointue, et ciliée sur ses bords ; du côté droit ce doigt est articulé de façon à se replier en avant. Les pattes de la 4ᵉ paire sont très petites, monodactyles et leur pénultième article est ovalaire et aplati mais beaucoup plus grand chez la femelle que chez le mâle. Le doigt qui le termine est un peu recourbé et pointu. Les pattes de la 5ᵉ paire sont remarquablement petites et monodactyles. L'abdomen est tout à fait atrophié, il est mou et l'on ne peut y reconnaitre que peu de traces d'annulations, si ce n'est ses deux derniers articles qui sont très petites. Les appendices du 6ᵉ article sont symétriques, arrondis à leur extrémité et hérissés de petites rugosités comme chez les Pagures. La femelle porte ses œufs attachés à trois fausses pattes qui n'existent que du côté gauche mais ce mode de fixation serait insuffisant si les pattes de la 4ᵉ paire ne se repliaient pas au dessous du paquet d'œufs, le pénultième article formant une sorte de plancher ovalaire. Le plastron sternal est de forme triangulaire et très élargi entre les pattes de la 4ᵉ paire.

164. Ostraconotus spatulipes (nov. sp.).

La carapace est dure, résistante et glabre, les sillons branchio-gastriques et cardiaques y sont bien indiqués. Le front s'avance en une pointe arrondie entre les yeux. On voit aussi une saille de chaque côté de l'insertion de l'antenne externe. Les bords latéraux sont serratulés et portent une échancrure assez profonde correspondant au sillon gastrique. Les pattes antérieures sont lisses luisantes glabres et dépourvues d'épines ou de granulations. Le bras et l'avant bras sont à peu près de même longueur. La pince est plus forte et plus longue. Les doigts sont un peu plus courts que la portion palmaire. Les pattes suivantes sont lisses et glabres sauf sur le dernier article. Le plastron sternal porte entre chaque anneau et sur la ligne médiane des sillons profonds. Je ne sais quelles sont les habitudes de ce crustacé cependant il ne doit pas habiter les coquilles vides et la conformation de ses pattes me fait penser qu'il vit dans la vase ou dans le sable très fin.

Station No. 50.   Profond. 119 brasses.   Lat. 26° 31′ N., Long. 85° 53′ O.
"Bache."   "   128   "   Sand Key.

CATAPAGURUS (nov. gen.).

Ce genre établit le passage entre les *Ostraconotus* et les *Spiropagurus*. La carapace est coriace en avant de la suture transversale et membraneuse en arrière et sur les côtés. Le front est arrondi et plus avancé au milieu que sur les côtés. Les yeux sont gros, courts, élargis, et comprimés dans la portion qui correspond à la cornée. Une petite épine sus-ophthalmique se remarque à leur base. Il existe une épine sus-antennaire longue et aiguë. Les pattes-mâchoires externes sont grèles et écartées à leur base. Les pattes antérieures sont très longues et inégales, la droite est la plus forte. Les pattes de la 2e et de la 3e paire sont au moins aussi longues que les précédentes, elles sont comprimées et se terminent par un doigt élargi, aplati et pointu articulé de manière à se plier en avant, comme chez les *Ostraconotus*. Les pattes de la 4e paire sont très petites et monodactyles celles de la 5e paire sont encore plus petites. À la base de celle du côté droit s'élève chez le mâle un appendice génital légèrement arqué et non contourné en spirale comme chez les *Spiropagurus*. L'abdomen est contourné et très petit. L'animal se loge dans de très petites coquilles dont les dimensions contrastent avec la taille de la carapace et des pattes qui restent à découvert.

165. **Catapagurus Sharreri** (nov. sp).

La carapace est arrondie et légèrement rugueuse sur la région gastrique. La pince droite est beaucoup plus longue que le corps tout entier, le bras et l'avant bras sont finement denticulés sur leurs bords. La main est plus forte et plus allongée que les articles précédents et les doigts en sont courts comparés à la région palmaire; ils sont aigus à leur extrémité. La face interne de la main porte des poils flexibles et jaunâtres. La patte antérieure gauche est très grèle et presqu'aussi longue que celle du côté opposé, les doigts en sont comparativement beaucoup plus longs. Les pattes de la 2e et de la 3e paire sont glabres sauf sur les bords du doigt qui est cilié; leur cuisse porte près de ses bords quelques très petites spinules qui ne se voient qu'à loupe.

Longueur de la carapace 0.006
Longueur de la pince droite 0.027
Longueur de la pince gauche 0.024

Station No. 280.   Profond. 221 brasses.   Barbades.
"   No. 291.   "   200   "   Barbades.
"   No. 299.   "   140   "   Barbades.

DÉCAPODES MACROURES.

FAMILLE DES GALATHIENS.

166. Galathea Agassizii (nov. sp.).

Les stries transversales de la carapace sont peu nombreuses, faiblement granuleuses et poilues. Le rostre dépasse du quart environ de sa longueur les pédoncules oculaires ; il est triangulaire et ses bords sont inermes, une très petite épine existe cependant de chaque côté à sa base. Les côtés latéraux sont garnis d'environ six très petites épines. Les pattes antérieures sont fortes elles portent de longs poils clair-semés. Le bras et l'avant bras sont très épineux ; la main ne l'est que faiblement sur ses bords supérieur et inférieur, celle du côté gauche est généralement plus forte que l'autre et l'index en est faiblement arqué de façon que les doigts ne se touchent que par leur extrémité. Les pattes ambulatoires sont grêles, comprimées et armées de petites épines sur la cuisse et la jambe.

Longueur totale du corps d'un mâle 0.021
Longueur de la carapace 0.012
Largeur 0.007
Longueur des pattes antérieures 0.032
Station No. 218. Profond. 164 brasses. Ste. Lucie.
" No. 283. " 237 " Barbades.

167. Galathea rostrata (nov. sp.).

Chez cette espèce le rostre est beaucoup plus grand et il porte de chaque côté quatre dents spiniformes dirigées en avant. Les bords latéraux sont armés en avant d'environ huit petites épines. Les pattes ambulatoires sont courtes et robustes comme chez les *Galathea strigosa*. Les pinces sont moins épineuses que chez le *Galathea Agassizii*.

Longueur totale du corps d'une femelle 0.018
Station No. 39. Profond. 14 brasses à 16 milles au nord des îles Jolbos.

168. Munida Stimpsoni (nov. sp.).

La carapace porte des lignes transversales granuleuses très marquées. La région gastrique est surmontée de cinq petites épines, deux sont disposées par paires, en avant, la cinquième est sur la ligne médiane, en arrière. La région cardiaque est pourvue d'une épine médiane, le bord postérieur de la carapace en présente une paire médiane. Les régions branchiales sont armées d'une épine placée presqu'au niveau du sillon gastro-cardiaque. Les bords latéraux commencent par une forte épine, en arrière de laquelle se voient trois ou quatre spinules. Les pointes rostrales sont longues et grêles. Les pattes antérieures sont très grandes et très épineuses. Les 2e, 3e, et 4e anneaux de l'abdomen sont pourvus de petites épines disposées symétriquement, la dernière épine seule est médiane.

Longueur totale du corps d'un mâle 0.043
Longueur de la carapace 0.021
Largeur 0.012
Longueur des pattes antérieures 0.070

Station No. 23.	Profond. 190 brasses.	Lat. 23° 1′ N., Long. 83° 14′ O.
" No. 119.	" 1105 "	Entre St. Thomas et Santa Cruz.
" No. 128.	" 180 "	Frederickstadt.
" No. 132.	" 115 "	Santa Cruz.
" No. 134.	" 248 "	Frederickstadt.
" No. 139.	" 218 "	Mt. Eagle, Santa Cruz.
" No. 143.	" 150 "	Saba Bank.
" No. 148.	" 208 "	St. Kitts.
" No. 167.	" 175 "	Guadeloupe.
" No. 172.	" 62 à 80 "	Guadeloupe.
" No. 184.	" 94 "	Dominique.
" No. 186.	" 98 "	Dominique.
" No. 203.	" 96 "	Martinique.
" No. 206.	" 170 "	Martinique.
" No. 215.	" 226 "	Ste. Lucie.
" No. 219.	" 151 "	Ste. Lucie.
" No. 231.	" 95 "	St. Vincent.
" No. 238.	" 127 "	Grenadines.
" No. 262.	" 92 "	Grenade.
" No. 290.	" 73 "	Barbades.

169. **Munida affinis** (nov. sp.).

Cette espèce est très voisine de la précédente elle ne s'en distingue que par la disposition des stries transversales de la carapace qui, au lieu d'être simplement granuleuses sont hérissées de très petites épines.

Longueur totale du corps d'un mâle 0.035
Longueur de la carapace 0.017
Largeur 0.009
Longueur des pattes antérieures 0.052
Station No. 148. Profond. 208 brasses. St. Kitts.

170. **Munida robusta** (nov. sp.).

Dans cette espèce il n'existe pas d'épine sur la région cardiaque et celles des anneaux de l'abdomen sont toutes disposées par paires. Les bords latéraux portent six épines dont la première est beaucoup plus longue que les autres. La pointe rostrale médiane est grêle et deux fois aussi longue que les pointes latérales. Les pattes antérieures sont grandes et fortes; la main est comprimée, épineuse en dessus et rugueuse dans le reste de son étendue. Les doigts sont en contact sur toute leur longueur. De fortes épines se voient en dedans et au dessus du bras, de l'avant bras, et sur le bord supérieur de la cuisse des pattes ambulatoires.

Longueur totale du corps d'un mâle 0.065
Longueur de la carapace 0.032
Largeur 0.020
Longueur des pattes de la 1ᵉ paire 0.090
Station No. 241. Profond. 163 brasses. Cariacou.

171. Munida iris (nov. sp.).

Cette espèce atteint une grande taille. Les poils qui garnissent les stries transversales de la carapace ont des reflets irisés très marqués. La région gastrique porte quelques petites épines en avant, il n'en existe pas en arrière. Les bords latéraux portent sept épines ; la première beaucoup plus longue que les autres. Les pointes latérales du rostre dépassent un peu les yeux. Les pattes antérieures sont très grandes. La main est presque cylindrique, rugueuse et on ne voit à peine quelques très courtes épines sur son bord supérieur, les doigts sont longs, grêles et appliqués l'un contre l'autre. L'abdomen est dépourvu d'épines.

Longueur totale du corps d'une femelle 0.073
Longueur de la carapace 0.037
Largeur 0.021
Longueur des pattes antérieures 0.130

Station No. 274. Profond. 209 brasses. Barbades.

172. Munida irrasa (nov. sp.).

Cette espèce ne se distingue de la précédente que par la disposition des épines frontales. Les latérales sont très courtes et atteignent à peine la moitié de la longueur des pédoncules oculaires.

Longueur totale du corps d'un mâle 0.033
Longueur de la carapace 0.017
Largeur 0.009
Longueur des pattes antérieures 0.062

Station No. 32.	Profond.	95 brasses.	Lat. 23° 32′ N., Long. 88° 5′ O.
" No. 36.	"	84 "	Lat. 23° 13′ N., Long. 89° 16′ O.
" No. 50.	"	119 "	Lat. 26° 31′ N., Long. 85° 53′ O.
" No. 132.	"	115 "	Frederickstadt.
" No. 192.	"	138 "	Dominique.
" No. 232.	"	88 "	St. Vincent.
" No. 241.	"	163 "	Grenadines.
" No. 253.	"	92 "	Grenade.
" No. 272.	"	76 "	Barbades.
" No. 276.	"	94 "	Barbades.

173. Munida cariboea (nov. sp.).

Stimpson, Notes on North American Crustacea, No. 2, p. 166 (Annals of the Lyceum of Natural History of New York, Vol. VII.).

Station No. 36. Profond. 84 brasses. Lat. 23° 13′ N., Long. 89° 16′ O.

174. Munida forceps (nov. sp.).

La carapace se rétrécit beaucoup en avant ; le front est étroit, son épine médiane est grêle et un peu arquée à sa base. Ses épines latérales sont petites et très rapprochées. Le bord orbito-antennaire est très oblique. Trois paires d'épines se voient sur la région gastrique; une paire existe en dedans des régions branchiales. Les bords latéraux sont armés de six épines. Les pattes antérieures ne sont pas symétriques, elles sont remarquables par la longueur des doigts qui excède celle de la portion palmaire. Du côté droit le pouce est arqué à sa base de manière à s'écarter de l'index, puis ces deux doigts s'appliquent l'un contre l'autre dans toute leur étendue, du côté gauche la pince est plus faible, les doigts sont très grêles appliqués l'un contre l'autre et légèrement courbés en haut, l'index des pinces se termine par deux petites épines, quelques petites épines garnissent le bord supérieur des doigts et les bords supérieur et inférieur des mains. L'avant bras et la main sont courts, forts et épineux. Le 2ᵉ anneau de l'abdomen porte une paire de très petites épines.

Longueur totale du corps d'un mâle 0.040
Longueur de la carapace. 0.023
Largeur 0.012
Longueur des pattes antérieures 0.066
Longueur de la pince gauche 0.037
Longueur des doigts de cette pince 0.024

Station No. 36. Profond. 84 brasses. Lat. 23° 13′ N., Long. 89° 16′ O.

175. Munida longipes (nov. sp.).

La carapace de cette espèce est armée d'une paire d'épines gastriques situées en arrière des pointes latérales du rostre, d'une petite épine cardiaque, de deux paires d'épines branchiales internes et d'une paire d'épines sur le bord postérieur, quelques très petites épines garnissent les bords latéraux. Le front est armé de trois épines à peu près de même longueur et ne dépassant pas les yeux, les épines latérales sont un peu divergentes. Les pattes antérieures sont de longueur médiocre; épineuses et égales. Les pattes ambulatoires sont épineuses et remarquablement longues. Celles de la seconde paire dépassent un peu les autres, et toutes dépassent les pattes antérieures. Les 2ᵉ et 3ᵉ anneaux de l'abdomen sont garnis de deux paires d'épines une seule paire existe sur le 4ᵉ anneau.

Longueur totale du corps d'un mâle 0.043
Longueur de la carapace 0.020
Largeur 0.014
Longueur des pattes de la 3ᵉ paire 0.084
Longueur des pattes antérieures 0.073

Station No. 100. Profond. 250 brasses. Phare Morro.
" No. 146. " 245 " St. Kitts.
" No. 118. " 208 " St. Kitts.
" No. 216. " 154 " Ste. Lucie.
" No. 218. " 164 " Ste. Lucie.
" No. 274. " 209 " Barbades.
" No. 291. " 200 " Barbades.

170. Munida miles (nov. sp.).

Le corps et les pattes sont un peu poilus. La carapace est traversée par des stries très marquées. La région gastrique porte quelques petites épines très courtes situées sur une ligne transversale en arrière du front ; les autres régions sont inermes. Les pointes rostrales sont robustes et un peu redressées. Les bords latéraux sont armés de six épines, la première grande et forte, les autres très petites. Les pattes antérieures sont très fortes, peu allongées et chez les mâles adultes elles sont dissemblables. L'une des pinces est plus forte, le doigt immobile est échancré à sa base, sur son bord tranchant de manière à ne pas être en contact dans ce point avec le doigt opposé. L'extrémité des doigts est aiguë, très crochue, celle du pouce croise en dehors celle de l'index et deux petites épines situées en dehors de cette dernière limitent une petite excavation où s'enchasse le crochet terminal du pouce. La main est comprimée latéralement et armée de quelques épines placées surtout en dessous, en dessus et sur la face externe. L'avant bras et le bras sont épineux. Les doigts de la pince du côté opposé sont en contact dans toute la longueur de leur bord tranchant. Les pattes ambulatoires sont courtes, fortes, très comprimées et carénées en dessus. Le 2ᵉ et le 3ᵉ article de l'abdomen portent une rangée transversale de très petites épines.

Longueur totale du corps d'un mâle 0.047
Longueur de la carapace 0.025
Largeur 0.015
Longueur des pattes antérieures 0.063

Station No. 11. Profond. 37 brasses. Lat. 24° 43′ N., Long. 83° 25′ O.
" No. 17. " 320 " Lat. 23° 4′ N., Long. 82° 43′ O.
" No. 193. " 169 " Martinique.
" No. 274. " 209 " Barbades.

177. Munida microphthalma (nov. sp.).

Cette espèce se distingue de toutes les *Munida* par le faible développement des yeux dont la cornée est à peine dilatée. La carapace ressemble à celle de la *Munida miles*, mais la pointe rostrale médiane est plus longue et les épines rangées transversalement sur la région gastrique sont plus nombreuses, le 2ᵉ article de l'abdomen est garni de 4 paires d'épines. Les pinces sont semblables à celles de la *Munida inæquimana*, mais elles sont symétriques et les doigts de celle de droite et de celle de gauche sont en contact dans toute leur longueur. Les antennes sont très longues.

Longueur totale du corps d'une femelle 0.037
Longueur de la carapace 0.022
Largeur 0.012
Longueur des pattes antérieures 0.037

Station No. 2. Profond. 805 brasses. Phare Morro.
" No. 35. " 804 " Lat. 23° 52′ N., Long. 88° 58′ O.
" No. 196. " 1030 " Martinique.
" No. 227. " 573 " St. Vincent.

178. **Munida constricta** (nov. sp.).

Cette espèce se distingue de la *Munida miles* par son corps et ses pattes presque glabres, par son rostre plus long, sa carapace plus étroite dont la région gastrique porte seulement deux épines situées en arrière des pointes latérales du rostre, par ses pinces symétriques et par ses pattes ambulatoires plus longues.

Longueur totale du corps d'un mâle 0.029
Longueur de la carapace 0.017
Largeur 0.008
Longueur des pattes antérieures 0.030

Station	No. 100.	Profond.	250–400 brasses.	Phare Morro.
"	No. 146.	"	245	" St. Kitts.
"	No. 147.	"	250	" St. Kitts.
"	No. 151.	"	356	" Nevis.
"	No. 185.	"	333	" Dominique.
"	No. 216.	"	154	" Ste. Lucie.
"	No. 221.	"	423	" Ste. Lucie.
"	No. 222.	"	422	" Ste. Lucie.
"	No. 241.	"	163	" Cariacou.
"	No. 260.	"	291	" Grenade.

GALACANTHA (nov. gen.).

Ce genre est voisin des Galathées, mais sa carapace est élargie et armée de grandes épines latérales et dorsales. Le rostre est grand et relevé. L'insertion des antennes externes est à découvert et les lignes épimériennes de la carapace sont cachées sous le rebord latéral. Les pattes antérieures sont plus courtes que les pattes ambulatoires, celles-ci sont de longueur médiocre.

179. **Galacantha rostrata** (nov. sp.).

La carapace est ornée de granulations plus saillantes en arrière qu'en avant, la région gastrique est armée, en avant, de deux petites épines symétriques et en arrière d'une très grande épine, comprimée latéralement et dirigée en haut et un peu en avant. Une petite épine surmonte le lobe cardiaque antérieur. Le bord latéral est armé dans sa région hépatique d'une épine en arrière de laquelle est placée une autre épine plus grande et épibranchiale, dirigée en dehors et un peu en avant. Le rostre est grand, spiniforme et relevé, deux petites épines s'implantent au dessous de lui près de sa base. Le mérognathe des pattes mâchoires externes porte deux spinules sur son bord interne. Les pattes antérieures sont courtes et granuleuses. Les doigts de la pince sont comprimés latéralement, excavés en dedans et de la longueur de la portion palmaire. Les pattes ambulatoires sont un peu granuleuses. Les anneaux de l'abdomen sont sculptés et les trois premiers sont surmontés d'une épine médiane un peu recourbée en avant.

Les yeux sont arrondis, bien développés, mais dépourvus de pigment et les facettes sont reduites à de simples ponctuations.

Longueur totale	0.004
Largeur de la carapace	0.025
Largeur au niveau du sillon branchial	0.015

Station No. 236. Profond. 1591 brasses. Bequia.

180. Galacantha spinosa (nov. sp.).

Cette espèce se distingue de la précédente par son rostre beaucoup plus court et dépourvu d'épines à sa base, par sa carapace couverte de tubercules épineux au lieu de granulations et par le développement inverse des épines latérales, la première étant beaucoup plus grande que la seconde ; la pointe mésogastrique est plus large et plus comprimée. Les anneaux de l'abdomen sont couverts de tubercules pointus. Les pinces sont lisses.

Longueur totale d'une femelle	0.041
Longueur de la carapace	0.021
Largeur au niveau du sillon branchial	0.014

Station No. 185. Profond. 333 brasses. Dominique.

GALATHODES (nov. gen.).

Dans ce genre la carapace est étroite, à téguments très solides. Le rostre a la forme d'une épine, soit simple, soit armée de pointes latérales, mais à sa base il n'existe pas d'épines sus-orbitaires comme chez les *Munida*. Les pattes-mâchoires externes sont courtes et faibles. Les antennes internes sont très petites et renflées à leur base. Les yeux sont petits à corneules généralement incomplètes et ils ne se renflent pas en massue comme celle des *Munida*. Les doigts des pattes ambulatoires sont fortement denticulés en dessous. Les œufs sont gros et peu nombreux.

182. Galathodes erinaceus (nov. sp.).

La carapace est très bombée transversalement, le sillon gastrique postérieur est très marqué. La région gastrique porte quatre épines disposées par paires l'une au devant de l'autre ; la région cardiaque est surmontée de quatre épines dont une paire de grandes en avant et une paire de très petites en arrière. Les flancs sont armées en avant de trois fortes épines ; une épine courte se voit entre la 1ʳᵉ et la 2ᵉ. Les régions branchiales portent latéralement trois épines plus courtes et disposées longitudinalement. Le rostre est spiniforme et presqu'aussi long que les antennes internes ; vers le milieu de sa longueur il donne naissance de chaque côté à une petite pointe de manière à paraître trifurqué, la pointe médiane étant de beaucoup la plus longue. Les deuxième et troisième anneaux de l'abdomen portent quatre ou six épines disposées transversalement. Ces pointes existent, mais très peu marquées sur le 4ᵉ anneau. Les pattes antérieures sont longues. Le bras et l'avant bras sont armés d'épines ; la main est inerme. Chez la femelle les doigts sout en contact dans toute leur longueur, chez les mâles ils ne se rencontrent que vers leur extrémité. Les pattes ambulatoires sont épincuses.

Longueur totale du corps d'un mâle	0.038
Longueur de la carapace	0.020
Largeur sans les épines	0.010
Longueur des pattes antérieures	0.046

Station No. 219. Profond. 151 brasses. Ste. Lucie.
" No. 130. " 451 " Frederickstadt.
" No. 151. " 356 " Nevis.
" No. 222. " 422 " Ste. Lucie.
" No. 226. " 424 " St. Vincent.

183. Galathodes spinifer (nov. sp.).

Cette espèce se rapproche beaucoup du *Galathodes erinaceus*, mais les épines de la carapace sont plus courtes et plus nombreuses; la région gastrique en porte trois paires; la région cardiaque quatre. Les bords latéraux sont garnis d'une série de cinq épines égales, en dedans de laquelle règne sur les régions branchiales une autre série de trois épines. Six épines courtes disposées symétriquement ornent le bord postérieur. Le rostre est droit et ses deux pointes latérales sont très petites et dirigées en avant. Le 2e et le 3e anneaux de l'abdomen sont surmontés d'un groupe de trois épines très rapprochées, une épine latérale existe souvent sur les côtés, le 4e anneau n'en porte qu'une. Les pattes ressemblent à celles de l'espèce précédente.

Longueur totale du corps d'un mâle	0.032
Longueur de la carapace	0.018
Largeur	0.019
Longueur des pattes de la 1e paire	0.042

Station No. 100. Profond. 250–400 brasses. Phare de Morro.
" No. 146. " 215 " St. Kitts.
" No. 295. " 180 " Barbades.

184. Galathodes robustus (nov. sp.)

La carapace est plus élargie en arrière qu'en avant, elle est épaisse et couverte ainsi que les pattes et le reste du corps de poils très courts qui donnent au test un aspect velouté. Sa surface est couverte de tubercules inégaux disposés avec regularité et symétriquement. L'angle latéro-antérieur est pointu. Les bords latéraux sont inermes. Le rostre est court, triangulaire, large à sa base, relevé vers son extrémité, dépourvu de carène en dessus et finement granuleux sur ses bords, les 2e, 3e, et 4e articles de l'abdomen portent une carène médiane terminée en avant par une épine. Les pattes antérieures sont faibles; le bras est épineux. Les pattes ambulatoires sont très courtes, très robustes, non épineuses; le doigt est fortement découpé en dents de scie.

Longueur totale du corps d'une femelle	0.046
Longueur de la carapace	0.022
Largeur	0.016
Longueur des pattes antérieures	0.045

Station No. 258. Profond. 159 brasses. Grenade.

185. **Galathodes serratifrons** (nov. sp.).

La carapace rugueuse et inégale. La région gastrique porte trois petites épines disposées transversalement, l'une sur la ligne médiane, les autres latéralement. Deux épines médianes surmontent la région cardiaque. L'angle latéro-antérieur de la carapace est spiniforme. Le bord latéral est garni en avant de granulations, mais, en arrière des régions branchiales, il porte trois épines. Le bord postérieur est surmonté de chaque côté de la ligne médiane d'une épine en forme de crochet. Le rostre est triangulaire, caréné en dessus et finement serratulé sur ses bords, les 2e et 3e articles de l'abdomen sont armés d'une épine médiane et d'épines latérales. Les pattes antérieures sont longues et grêles. Le bras et l'avant bras sont pourvus de fortes épines et de granulations. La main est granuleuse. La jambe des pattes ambulatoires porte quelques épines, les autres articles hérissés d'aspérités.

Longueur totale du corps d'un mâle 0.018
Longueur de la carapace 0.010
Largeur 0.007
Longueur des pattes antérieures 0.021
Station No. 185. Profond. 333 brasses. Dominique.

186. **Galathodes abbreviatus** (nov. sp.).

Cette espèce se reconnait facilement à sa carapace plus élargie et à ses pinces très courtes. Le bouclier céphalo-thoracique est couvert de granulations disposées en séries transversales qui donnent au test une apparence rugueuse. Quelques unes de ces granulations situées sur la région gastrique s'élèvent davantage et constituent de très courts spinules. Le rostre est spiniforme et élargi à sa base, il est horizontal, sa pointe se relève un peu. Les bords latéraux sont armés de deux épines, l'une hépatique, l'autre plus petite et épibranchiale, en arrière de celle-ci un tubercule se remarque sur le bord branchial. Les 2e, 3e, 4e anneaux de l'abdomen portent sur la ligne médiane une épine dirigée en avant. Les pattes antérieures sont courtes et fortes. Le bras et l'avant bras ne sont armés d'épines courtes qu'à leur extrémité; ils sont d'ailleurs rugueux. Les pattes de la 2e paire atteignent environ le niveau de l'articulation du doigt mobile de la pince. Le corps et les pattes portent des poils très courts constituant un revêtement d'un aspect poussiéreux, sur les bords et entre les doigts des pinces les poils sont plus longs.

Longueur totale du corps d'une femelle 0.032
Longueur de la carapace 0.018
Largeur 0.010
Longueur des pattes antérieures 0.026
Station No. 195. Profond. 502 brasses. Martinique.
" No. 161. " 583 " Guadeloupe.
" No. 162. " 734 " Guadeloupe.

187. **Galathodes Reynoldsi** (nov. sp.).

Cette espèce doit se placer à côté du *Galathodes abbreviatus*, mais elle s'en distingue par ses épines gastriques plus saillantes, par son rostre plus relevé, par l'absence d'épines sur les anneaux de l'abdomen et par la longueur des pattes ambulatoires ; celles de la seconde paire dépassent les pinces, leur cuisse est armée en dessus d'une série d'épines.

Longueur totale du corps d'une femelle 0.033
Longueur de la carapace 0.020
Largeur 0.011
Longueur des pattes de la 1e paire 0.030

Station No. 13S. Profond. 2376 brasses. Frederickstadt.

188. **Galathodes simplex** (nov. sp.).

La carapace de cette espèce ne porte pas d'épines, on remarque seulement sur la région gastrique quelques tubercules pointus ; elle est ornée de quelques rugosités simulant des lignes transversales irrégulières. Le rostre à la forme d'une longue épine simple et un peu relevée. Une profonde dépression transversale sépare le lobe cardiaque antérieur du lobe cardiaque postérieur. L'angle latéro-antérieur de la carapace est aigu et spiniforme. Les bords latéraux sont arrondis et inermes; le 2e et le 3e articles de l'abdomen sont surmontés d'une petite épine médiane. Les pattes antérieures sont faibles dans les deux sexes. Le bras est armé en dedans de quelques spinules. La main est lisse et les doigts sont en contact dans toute leur longueur. La cuisse des pattes ambulatoires est rugueuse.

Station No. 162.	Profond. 734 brasses.	Guadeloupe.
" No. 163.	" 769-87S "	Guadeloupe.
" No. 1S0.	" 9S2 "	Dominique.
" No. 1S5.	" 333 "	Dominique.
" No. 179.	" S24 "	Dominique.
" No. 195.	" 502 "	Martinique.
" No. 214.	" S92 "	Martinique.
" No. 226.	" 424 "	St. Vincent.
" No. 227.	" 573 "	St. Vincent.

189. **Galathodes Sigsbei** (nov. sp.).

La carapace est plus bombée transversalement que dans l'espèce précédente ; elle ne porte pas de tubercules spiniformes et ne présente que quelques lignes très finement granuleuses disposées transversalement. La dépression cardiaque transversale est peu profonde. Le rostre au lieu d'être relevé est droit et légèrement caréné en dessus, le bord antérieur de la carapace est plus oblique à partir de la pointe frontale. Le bord postérieur porte dans sa portion médiane trois très petites épines disposées transversalement. L'abdomen est dépourvu d'épines et les articles sont presque lisses. Les pattes antérieures sont longues, leur cuisse et

leur bras sont épineux; la main porte des rugosités aiguës. Les pattes ambulatoires sont courtes et fortes. Quelques poils revêtent les pattes.

Longueur totale du corps d'une femelle 0.040
Longueur de la carapace. 0.021
Largeur 0.010
Longueur des pattes antérieures 0.047

Station No. 35.	Profond.	804 brasses.	Lat. 23° 52′ N., Long. 88° 58′ O.
" No. 137.	"	625 "	Frederickstadt.
" No. 163.	"	769–878 "	Guadeloupe.
" No. 204.	"	476 "	Martinique.
" No. 173.	"	734 "	Guadeloupe.
" No. 195.	"	502 "	Martinique.
" No. 200.	"	472 "	Martinique.
" No. 201.	"	565 "	Martinique.

190. **Galathodes latifrons** (nov. sp.).

La carapace est étroite et revêtue de poils très courts. Les bords latéraux présentent en avant quatre ou cinq petites épines. Le rostre est lamelleux à sa base,
il est trifurqué à son extrémité, la pointe médiane dépassant les autres. L'abdomen est dépourvu d'épines. Les pattes antérieures sont grêles et revêtues de
longs poils clair-semés. Le bras et l'avant bras sont armés de quelques épines.
La main est lisse.

Longueur totale du corps d'une femelle chargée d'œufs 0.016
Longueur de la carapace 0.010
Largeur. 0.005
Longueur des pattes antérieures 0.021

Station No. 288. Profond. 399 brasses. Barbades.

191. **Galathodes tridens** (nov. sp.).

Chez cette espèce le front est disposé comme chez le *Galathodes latifrons*,
mais la carapace est comparativement beaucoup plus large, elle est entièrement
glabre et porte sur la région gastrique une paire d'épines. Les bords latéraux
sont garnis de quatre épines bien distinctes. Les pattes antérieures et les pattes
ambulatoires sont beaucoup plus courtes, plus fortes, moins épineuses et elles sont
presque glabres. J'ajouterai que l'abdomen est lisse.

Longueur totale du corps d'une femelle 0.024
Longueur de la carapace 0.013
Largeur 0.008
Largeur des pattes antérieures 0.026

Station No. 148. Profond. 208 brasses. St. Kitts.

OROPHORHYNCHUS (nov. gen.).

Le rostre est triangulaire et les yeux très petits peuvent se cacher en partie au dessous, ils portent une épine ou un prolongement apophysaire en dedans de la cornée. Les antennes internes s'insèrent immédiatement au dessous des pédoncules oculaires. Les pattes mâchoires externes sont remarquablement petites. Les pattes antérieures sont grosses et courtes. Les pattes ambulatoires sont robustes.

192. Orophorhynchus aries (nov. sp.).

La carapace est plus large en avant qu'en arrière; elle est glabre et couverte de tubercules et de granulations disposées sur la portion moyenne, en lignes, transversales. Le rostre forme un triangle presqu'équilateral caréné en dessus sur la ligne médiane. Deux petites pointes existent au dessus de l'antenne; la seconde est séparée de la dent hépatique latérale par une échancrure qui se continue avec le sillon gastrique; en arrière les bords sont très finement serratulés. Les pédoncules oculaires sont très élargis, aplatis et la cornée est fort réduite on n'y distingue ni matière pigmentaire ni facettes. Les pinces sont courtes, rugueuses et revêtues de quelques poils à l'extrémité des doigts; celle-ci est en cuillère et très finement denticulée. Les pattes ambulatoires sont rugueuses et carénées. L'abdomen est ponctué et dépourvu d'épines.

Longueur totale du corps d'un mâle	0.036
Longueur de la carapace	0.020
Largeur	0.014
Longueur des pattes de la 1ᵉ paire	0.018

Station No. 236.   Profond. 1591 brasses.   Bequia.

193. Orophorhynchus spinosus (nov. sp.).

Cette espèce se distingue de la précédente par son rostre plus étroit et plus aigu, par ses bords latéraux plus épineux, par les deux petites épines qui sont placées symétriquement sur la région gastrique et par les épines qui surmontent la cuisse et la jambe des pattes ambulatoires et le bras et l'avant bras des pinces.

Longueur totale du corps d'une femelle	0.026
Longueur de la carapace	0.014
Largeur de la carapace	0.009
Longueur des pattes de la 1ᵉ paire	0.014

Station No. 150.   Profond. 982 brasses.   Dominique.

194. Orophorhynchus squamosus (nov. sp.).

La carapace est courte, massive et couverte non pas de lignes rugueuses transversales, mais de groupes de granulations simulant des sortes d'écailles proéminentes et espacées. Les bords latéraux sont inermes, le rostre est court et triangulaire, les yeux sont immobiles. En dedans de la cornée, s'avance un prolongement arrondi qui ressemble à une petite corne rostrale latérale. Les pattes antérieures

sont courtes, la main est comprimée et rugueuse; le bras et l'avant bras sont armés de fortes épines et de tubercules. Les pattes ambulatoires sont comprimées et couvertes sur les premiers articles de tubercules élevés ou spiniformes. Les anneaux de l'abdomen sont dépourvus de carènes transversales.

Longueur totale du corps d'un mâle 0.010

Station No. 210. Profond. 191 brasses. Martinique.

195. Orophorhynchus Sharreri (nov. sp.).

La carapace porte de nombreuses petites épines; il en existe quatre sur les bords latéraux. Le rostre est robuste et caréné en dessus et, de même que chez les *Orophorhynchus nitidus* et *spinoculatus*, l'œil se transforme en une épine. Les premiers anneaux abdominaux sont fortement carénés transversalement, mais ils ne portent pas d'épines. Les pattes antérieures sont grêles, le bras et l'avant bras sont très épineux. Les pattes ambulatoires sont courtes. Les œufs sont peu nombreux et très gros.

Station No. 134. Profond. 243 brasses. Santa Cruz.

196. Orophorhynchus nitidus (nov. sp.).

Cette espèce se rapproche beaucoup de la précédente. Ses yeux sont terminés par une épine aiguë, mais plus grêle; elle se distingue par les deux épines symétriques qui existent sur la région gastrique, par sa carapace luisante; par ses épines latéro-antérieures plus marquées et par son rostre plus grêle.

Longueur totale du corps d'un mâle 0.023
Longueur des pattes antérieures 0.012

Station No. 163. Profond. 769-878 brasses. Guadeloupe.

197. Orophorhynchus spinoculatus (nov. sp.).

La carapace est rugueuse, elle porte en avant de chaque côté une épine sus-antennaire. L'angle latéro-antérieur est aigu et il existe une courte épine hépatique. La surface dorsale est traversée par des lignes rugueuses. Le rostre est spiniforme et caréné en dessus. Les yeux sont immobiles et la cornée se prolonge en une épine grosse et aiguë qui atteint à la moitié environ de la longueur du rostre. L'abdomen est dépourvu d'épines. Les pinces sont très courtes et à doigts fort petits, mais gros; elles ne portent qu'une épine en dedans, vers l'extrémité du bras la deuxième paire de pattes dépasse un peu la première.

Longueur totale du corps d'un mâle 0.022
Longueur de la carapace 0.012
Largeur 0.007
Longueur des pattes antérieures 0.015

Station No. 179. Profond. 824 brasses. Dominique.

ELASMONOTUS (nov. gen.).

La carapace est peu bombée, ses bords latéraux sont presque parallèles et dépourvus d'épines ou de dents, sa surface ne porte pas d'épines. La région orbito-antennaire est très étroite. Les antennes externes sont petites placées presqu'au dessous des yeux et très en dedans de l'angle antéro-antérieur de la carapace. Les premiers anneaux de l'abdomen sont généralement carénés en dessus. Les pattes de la cinquième paire sont très petites.

198. Elasmonotus longimanus (nov. sp.).

Le rostre est large, triangulaire obtus à son extrémité, un peu déprimé en dessus, il cache en partie les yeux. Sa surface de même que celle de la carapace est couverte de petites granulations. La région hépatique qui constitue l'angle latéro-antérieur de la carapace est arrondie ; elle se rattache au rostre par un bord droit ou plutôt un peu oblique en arrière et en dedans, les 2e, 3e, et 4e anneaux de l'abdomen sont carénés transversalement et leur portion médiane se relève en formant une forte dent comprimée d'avant en arrière et recourbée en avant. Les pattes antérieures sont longues et fortes. Les doigts des pinces du mâle sont légèrement saillants à leur base ; leurs bords sont très finement et très régulièrement denticulés. L'avant bras et le bras sont granuleux. Les pattes ambulatoires sont courtes et faibles ; le bord supérieur de la cuisse est tranchant. La jambe est surmontée d'un bord denticulé et d'une ou de deux crêtes longitudinales. Tous ces articles sont granuleux.

Longueur totale du corps d'un mâle	0.022
Longueur de la carapace	0.012
Largeur	0.007
Longueur des pattes antérieures	0.035

Station No. 130.	Profond. 451 brasses.			Frederickstadt.
" No. 188.	"	372	"	Dominique.
" No. 195.	"	502	"	Martinique.
" No. 221.	"	423	"	Ste. Lucie.
" No. 222.	"	422	"	Ste. Lucie.

199. Elasmonotus brevimanus (nov. sp.).

Cette espèce se rapproche beaucoup de la précédente, mais la carapace est plus étroite, le rostre est notablement plus court et les pattes antérieures sont plus courtes et plus fortes.

Longueur totale du corps d'une femelle	0.020
Longueur de la carapace	0.010
Largeur	0.007
Longueur des pattes antérieures	0.019

Station No. 291. Profond. 200 brasses. Barbades.

200. Elasmonotus armatus (nov. sp.).

La carapace est marquée de quelques rugosités disposées par séries transversales. Les angles latéro-antérieurs sont spiniformes et les bords latéraux sont épais et renflés, formant de chaque côté un bourrelet en dedans duquel la surface dorsale est déprimée. Le rostre est long et spiniforme, plus étroit, à sa base que dans sa partie médiane et très rétréci dans le reste de son étendue ; il est convexe transversalement en dessus, concave en dessous. Les yeux sont plus grands et les antennes externes plus développées que dans les autres espèces du même genre. Le 2e et le 3e anneau de l'abdomen portent une carène transversale très élevée, arrondie en bourrelet et plus saillante sur la ligne médiane, mais dépourvue d'épine. Le bras des pattes antérieures est armé en dedans de deux épines et à son extrémité de deux autres épines grêles. Les pattes ambulatoires sont faibles, la cuisse est arrondie en dessous et présente une petite épine à son extrémité supérieure.

Longueur totale du corps d'une femelle	0.027
Longueur de la carapace	0.017
Longueur du rostre	0.007
Largeur	0.008
Longueur des pattes antérieures	0.034

Station No. 137. Profond. 625 brasses. Frederickstadt.

201. Elasmonotus abdominalis (nov. sp.).

La carapace de cette espèce est plus étroite que celle de l'*Elasmonotus longimanus* et le rostre plus long et moins élargi se termine par une pointe aiguë. L'angle latéro-antérieur de la carapace au lieu d'être arrondi est aigu. Enfin les anneaux de l'abdomen sont lisses et ils ne portent pas de dent sur la ligne médiane.

Longueur totale du corps d'une femelle	0.021
Longueur de la carapace	0.012
Largeur	0.0075
Longueur des pattes antérieures	0.023

Station No. 291. Profond. 200 brasses. Barbades.

DIPTYCHUS (nov. gen.).

La forme générale est celle d'une Galathée. La carapace est terminée en avant par un rostre pointu et simple. Les yeux sont de grosseur médiocre. Les antennes externes sont très petites et l'extrémité de la tigelle ne dépasse guère la pointe du rostre ; une écaille spiniforme s'insère au dessus de la base de la tigelle. Les pattes mâchoires sont grêles, longues et très écartées à leur base. Les doigts des pattes ambulatoires sont crochus, courts, denticulés en dessous. Le pénultième article est garni sur son bord inférieur de quelques épines articulées et très fines. La nageoire caudale se replie complètement sous les derniers anneaux de l'abdomen de manière à disparaître quand on étend celui-ci. Les 4°, 5° et 6° anneaux sont appliqués sur le sternum. Le 7° article est très petit et beaucoup plus court que les appendices latéraux de la nageoire caudale.

202. Diptychus nitidus (nov. sp.).

La carapace est glabre, lisse, luisante, dépourvue d'épines ou de stries transversales; elle est bombée transversalement, presque plane d'avant en arrière et plus étroite en avant qu'en arrière. Les régions y sont à peine marquées. Le rostre est spiniforme et aplati en dessus, il est environ deux fois plus long que les yeux. Une petite épine arme l'angle latéro-antérieur. Les bords latéraux sont inermes. Les pattes antérieures sont très longues, glabres, lisses et luisantes. Le bras est très grêle à sa base. L'avant bras est plus long que le bras. Légèrement comprimé latéralement et arrondi en dessus et en dessous. La portion palmaire de la main est de la longueur de l'avant bras et présente la même forme. Les doigts sont de moitié plus courts que la portion palmaire, poilus vers leur extrémité qui est aiguë et excavée en dedans. Le pouce présente à sa base une longue dent finement denticulée sur son bord. Les pattes ambulatoires sont glabres, lisses, légèrement comprimées, celles de la 2° paire sont les plus longues, celles de la 5° paire sont très petites. Le plastron sternal est parcouru sur la ligne médiane par un sillon, il est bombé d'avant en arrière et échancré en avant.

Longueur totale du corps d'un mâle 0.031
Longueur de la carapace 0.017
Largeur 0.009
Longueur des pattes antérieures 0.057

Cette espèce vit dans des coraux (Chrysogorgia).

Station No.	14.	Profond.	539 brasses.	Lat. 25° 33' N., Long. 84° 35' O.
"	No. 130.	"	451	"	Frederickstadt.
"	No. 137.	"	625	"	Santa Cruz.
"	No. 117.	"	250	"	St. Kitts.
"	No. 173.	"	734	"	Guadeloupe.
"	No. 175.	"	611	"	Dominique.
"	No. 190.	"	542	"	Dominique.
"	No. 193.	"	502	"	Martinique.
"	No. 200.	"	472	"	Martinique.
"	No. 222.	"	422	"	Ste. Lucie.
"	No. 227.	"	573	"	St. Vincent.
"	No. 232.	"	88	"	St. Vincent.
"	No. 241.	"	163	"	Cariacou.
"	No. 254.	"	164	"	Grenade.
"	No. 260.	"	291	"	Grenade.
"	No. 277.	"	106	"	Barbades.
"	No. 283.	"	237	"	Barbades.
"	No. 297.	"	123	"	Barbades.

203. Diptychus uncifer (nov. sp.).

Cette espèce se distingue de la précédente par son rostre plus court ne dépassant pas les yeux et par ses pattes antérieures moins longues.

Longueur totale du corps d'un mâle 0.012
Longueur des pattes antérieures 0.020

Station No. 269. Profond. 121 brasses. St. Vincent.
"   No. 273.   "   103   "   Barbades.
"   No. 299.   "   140   "   Barbades.

204. Diptychus armatus (nov. sp.).

Cette espèce diffère de la précédente par sa carapace armée latéralement de sept à huit épines. Les pinces manquaient sur l'exemplaire unique que j'ai étudié. Les pattes ambulatoires sont lisses.

Longueur totale du corps d'un mâle 0.011

Station No. 241. Profond. 163 brasses. Cariacou.

205. Diptychus rugosus (nov. sp.).

La carapace de cette petite espèce est très courte, étroite en avant et terminée par un rostre très long, triangulaire et large à sa base; elle est couverte de petites tubercules spiniformes. Le bras des pattes antérieures est armé d'épines. L'avant bras est rugueux, la main est presque lisse. Les pattes ambulatoires sont armées sur la cuisse et sur la jambe de petites épines.

Longueur totale du corps d'un mâle 0.010
Longueur des pattes antérieures 0.018

Station No. 177. Profond. 118 brasses. Dominique.
"   No. 231.   "   95   "   St. Vincent.
"   No. 238.   "   127   "   Grenadines.
"   No. 269.   "   124   "   St. Vincent.
"   No. 299.   "   140   "   Barbades.

206. Diptychus intermedius (nov. sp.).

Cette espèce diffère du *Diptychus rugosus* par sa carapace lisse en dessus et armée de quelques épines latérales, par son rostre plus court. Le bras et l'avant bras des pattes antérieures sont très épineux. La cuisse et la jambe des pattes ambulatoires sont surmontées d'une rangée d'épines qui n'existent pas chez le *Diptychus armatus*.

Longueur totale du corps d'un mâle 0.007

Station No. 241. Profond. 163 brasses. Cariacou.

PTYCHOGASTER (nov. gen.).

Ce genre diffère des *Diptychus* par sa carapace plus étroite, ses yeux plus renflés, ses antennes notablement plus longues et par le développement extraordinaire des pattes, enfin les ligues épimériennes latérales se voient en dessus comme chez les *Pleuroncodes*, par leur aspect extérieur ces Galatheius rappellent beaucoup les *Leptopodia*.

207. **Ptychogaster spinifer** (nov. sp.).

La carapace est longue, bombée transversalement plane d'avant en arrière, rétrécie en avant et couverte de petites épines. Une rangée d'épines un peu plus grandes existe sur la ligne médiane; elle est formée de quatre épines gastriques et de quatre épines cardiaques. De chaque côté sur la région branchiale, au dessus des sutures épimériennes se voit une rangée longitudinale d'épines. Le rostre à la forme d'une aiguille, dépassant un peu les pédoncules oculaires. Les pattes antérieures ont environ cinq fois la longueur de la carapace; elles sont cylindriques et partout couvertes de petites épines très serrées, dirigées en avant disposées et implantées en séries longitudinales, quelques poils flexibles et rares s'implantent sur les pattes. Les doigts sont grêles, longs et pourvus de denticulations très fines et pointues. Les pattes suivantes sont très grandes, faibles et épineuses. Celles de la 2ᵉ paire sont les plus développées elles s'étendent jusqu'à l'articulation de la pince. L'abdomen est large et complètement lisse. Le plastron sternal porte un sillon médian profond.

Longueur totale du corps d'une femelle 0.054
Longueur de la carapace 0.026
Largeur 0.014
Longueur des pattes de la 1ᵉ paire 0.137
Longueur des pattes de la 2ᵉ paire 0.094

Station No. 128. Profond. 180 brasses. Frederickstadt.
" No. 171. " 183 " Guadeloupe.
" No. 216. " 154 " Ste. Lucie.
" No. 238. " 127 " Grenadines.
" No. 241. " 163 " Cariacou.
" No. 297. " 123 " Barbades.
" No. 299. " 140 " Barbades.

FAMILLE DES SCYLLARIENS.

208. **Scyllarus Gundlachi** (Von Martens, Archiv. für Naturges., 1872, pl. 5, fig. 13.)

Station No. 142. Profond. 27 brasses. Flannegan Passage.

209. **Arctus americanus** (Sidney Smith).

Station No. 167. Profond. 175 brasses. Guadeloupe.

210. **Willemœsia forceps** (nov. sp.).

Cette espèce très voisine de la *W. leptodactyla* en diffère par sa carapace plus renflée, plus épaisse et par ses bords latéraux garnis d'épines plus petites, par sa carapace couverte de rugosités et par ses pattes antérieures moins épineuses.

Station No. 31. Profond. 1920 brasses. Lat. 24° 33′ N., Long. 84° 23′ O.

211. Pentacheles validus (nov. sp.).

Le bouclier céphalo-thoracique est aplati et plus large dans la région branchiale que dans la région gastrique. Le bord frontal porte sur la ligne médiane deux petites épines rostrales, une autre épine à l'angle orbitaire interne et quelques spinules sur son bord. Les échancrures oculaires sont triangulaires, très étroites et très profondes, l'angle orbitaire externe est épineux. Les bords latéraux sont finement crénelés, la ligne médiane de la carapace est saillante et granuleuse ainsi que la ligne qui circonscrit en arrière la région gastrique et qui aboutit à une échancrure du bord latéral. Quelques tubercules épais et pointus existent sur la carapace. La surface de celle-ci porte quelques poils très courts. Les articles basilaires des antennules sont lamelleux, très dilatés en dedans et en contact sur toute la longueur de leur bord interne ; ils se terminent en pointe aiguë et portent une petite épine à leur angle externe. La tigelle externe de l'antennule est très petite, l'interne est plus longue que l'antenne externe. L'écaille qui surmonte l'insertion de cette antenne est pointue et lamelleuse. L'œil est armé en avant d'une épine et il se continue sous l'angle antérieur de la carapace pour se terminer par une extrémité arrondie. Les cinq premiers articles de l'abdomen portent en dessus une carène obtuse terminée en avant par une pointe mousse ; de cette pointe part de chaque côté un sillon profond dirigé en arrière et en dehors. Les pattes antérieures sont très longues. Le bras est pourvu en dessous de quelques épines. Les doigts des pinces sont très crochus et inermes. Une petite épine surmonte l'articulation du pouce.

Le plus grand exemplaire que j'ai vu a été pris à 1591 brasses à Bequia.

Station No. 29.   Profond. 955 brasses.   Lat. 24° 36′ N., Long. 84° 5′ O.
"   No. 182.   "   1131   "   Dominique.
"   No. 196.   "   1030   "   Martinique.
"   No. 236.   "   1591   "   Bequia.

212. Pentacheles Agassizii (nov. sp.).

La carapace de cette espèce est plus poilue et moins rétrécie en avant que celle de le *P. validus*, les bords latéraux sont parallèles dans une grande partie de leur étendue. Le bord frontal porte en avant une seule petite épine. L'échancrure orbitaire est plus étroite en arrière et plus profonde ; son bord externe est très arqué et garni de fines spinules. La carène médiane est très élevée et une autre carène de chaque côté sur la région branchiale de façon à dessiner trois lignes parallèles saillantes et granuleuses sur la partie postérieure de la carapace. Le bord postérieur de la carapace est très échancré et armé de quelques spinules (six ou huit). L'article basilaire des antennules est très pointu, mais il se dilate peu en dedans aussi les bords des antennules ne sont ils pas en contact sur la ligne médiane et il existe une espace vide en avant du rostre. L'abdomen est très sculpté et les 2ᵉ, 3ᵉ, 4ᵉ et 5ᵉ anneaux portent en dessus une carène saillante terminée en avant par une forte épine recourbée. Le mâle et la femelle ne diffèrent pas.

Station No. 47. Profond. 321 brasses. Lat. 28° 42′ N., Long. 83° 40′ O.
" No. 151. " 356 " Nevis.
" No. 216. " 154 " Ste. Lucie.
" No. 240. " 164 " Grenadines.
" No. 245. " 1058 " Grenade.
" No. 246. " 154 " Grenade.
" No. 274. " 209 " Barbades.
" No. 279. " 118 " Barbades.
" No. 281. " 288 " Barbades.

213. Pentacheles spinosus (nov. sp.).

La carapace est lisse et plus élargie en avant que chez les espèces précédentes, le front porte sur la ligne médiane deux pointes rostrales, l'échancrure orbitaire est très large et l'œil est très gros, les bords de cette échancrure sont inermes. Les bords latéraux de la carapace sont garnis de fortes épines. La carène médiane, au lieu d'être granuleuse, porte des épines disposées isolément ou par paires, on en compte trois paires sur la région cardiaque et une paire dans la partie moyenne de la région gastrique, tandis qu'en avant et en arrière de cette région il n'existe qu'une épine. Les carènes branchiales portent environ cinq épines, un espace vide se voit en avant du rostre à la base des antennes internes dont l'article basilaire est peu élargi et n'est pas en contact dans toute son étendue avec celui du côté opposé. Le premier anneau de l'abdomen porte trois épines, une médiane et deux latérales, les 2ᵉ, 3ᵉ, 4ᵉ, et 5ᵉ anneaux sont pourvus d'une forte épine médiane comme chez le *P. Agassizii*.
Les pattes antérieures sont très grêles.

Station No. 29. Profond. 955 brasses. Lat. 24° 36′ N., Long. 84° 5′ O.
" No. 33. " 1568–1400 " Lat. 24° 1′ N., Long. 88° 58′ O.
" No. 162. " 734 " Guadeloupe.
" No. 163. " 769–878 " Guadeloupe.
" No. 173. " 734 " Guadeloupe.
" No. 175. " 611 " Dominique.

PALINUSTUS (nov. gen.).

Ce genre se distingue des *Palinurus* par la disposition de l'anneau ophthal-mique, complètement à découvert au devant de la carapace, ce qui permet aux yeux de se redresser, par la longueur des antennes internes dont les tigelles multi-articulées sont très petites et par la forme des cornes latérales du front qui res-semblent à des lames aplaties et horizontales.

214. Palinustus truncatus (nov. sp.).

La carapace est couverte de petites épines et de tubercules. Les épines ne se voient qu'en avant; elles sont disposées en séries longitudinales. Le front est bordé en avant de sept spinules dont une médiane et les autres latérales. Les cornes frontales des Langoustes sont remplacées de chaque côté par une lame tronquée en avant, horizontale et très finement découpée sur son bord antérieur qui s'avance au dessus de l'insertion des pédoncules oculaires. À la base de chacune de ces lames existe une dent spiniforme, en arrière de laquelle sont rangées, en série longitudinale, d'autres épines plus petites. Chacun des anneaux de l'abdomen est sillonné transversalement, et terminé latéralement par deux pointes, l'antérieure plus grande que la postérieure. Le sixième et le septième anneaux sont ornés de quelques tubercules pointus. Chacun des cinq premiers anneaux porte en dessous une paire d'épines; le sixième en présente une série plus nombreuse. Les pattes ambulatoires sont grêles et un peu épineuses.

Longueur totale du corps d'un mâle 0.07

Station No. 241.   Profond. 163 brasses.   Cariacou.

(La suite prochainement.)

Reçu à Cambridge en Septembre.
Publié le 29 Décembre, 1880.